AF508152

L'ÉGLISE

ET

LA PITIÉ ENVERS LES ANIMAUX

L'ÉGLISE
ET
LA PITIÉ ENVERS LES ANIMAUX

TEXTES ORIGINAUX

PUISÉS A DES SOURCES PIEUSES

PREMIER RECUEIL

ÉDITION REVUE ET CORRIGÉE

ET

SECOND RECUEIL

SOUS LA DIRECTION
DE
LA MARQUISE DE RAMBURES

AVEC UNE PRÉFACE
PAR
ROBERT DE LA SIZERANNE

PARIS
VICTOR LECOFFRE
90, RUE BONAPARTE

LONDRES
BURNS & OATES
28, ORCHARD STREET

1903

“ L'Église et la Pitié envers les Animaux ”, which rightly represents the spirit of the Catholic Church as to our relations with animals.

(S. G. Mgr BAGSHAWE, dans une lettre du 5 septembre 1902 au directeur du ZOOPHILIST.)

OPINIONS DE LA PRESSE

DE LA PREMIÈRE ÉDITION

L'Univers, 7 août 1899.

Comme le titre l'indique, ce livre n'est qu'un faisceau de documents, documents fort intéressants pour ceux qui veulent démontrer, preuves en mains, que le christianisme ne s'est pas contenté de prêcher la charité entre créatures raisonnables, mais que, de cette inépuisable source de pitié, quelques gouttes fécondes sont tombées sur les êtres inférieurs. Ceux-ci, privés de raison, ne nous ressemblent-ils pas tout au moins par la souffrance ?

Les textes reproduits dans le volume sont empruntés pour la plupart à des saints. Les moines pieux, les théologiens distingués, les apologistes modernes du christianisme y trouvent aussi leur place. Saint François d'Assise et saint Bonaventure y coudoient Ozanam et le cardinal Manning. Notons une lettre de S. Ém. le cardinal Rampolla au conseil de la Société protectrice des animaux, et dans laquelle l'éminent secrétaire d'État, parlant au nom de Léon XIII, félicite cette société du but « humanitaire et chrétien » qu'elle poursuit (24 février 1894).

La Gazette de France, 12 juillet 1899.

De tous temps l'Église a prêché la pitié envers les animaux et, chose à remarquer, on ne trouve guère d'exemples de ce sentiment en Europe avant le christianisme. Pour mieux mettre ce fait en lumière, un savant auteur a rassemblé en un charmant volume in-12 et publié dans leur langue originale, un certain nombre de textes empruntés a des écrivains anciens et modernes, français et étrangers. *M. Robert de la Sizeranne* a bien voulu présenter l'ouvrage au public. Nul doute qu'avec un tel patronage le volume n'obtienne un légitime succès.

Revue des Deux Mondes, 15 décembre 1901.

Tout récemment, une main pieuse a réuni les textes sans nombre par lesquels l'Église établit sur ce point sa doctrine.

Ernest Seillière.

Le Figaro, 25 juillet 1899.

Quoique, par ce temps de sauvagerie que nous traversons, les gens de Roubaix, qui ont fait battre un taureau contre un lion, ne soient pas les plus coupables, je pense toujours à l'horrible scène et je voudrais rappeler que la pitié et même l'affection envers les animaux sont dans les traditions de l'Église catholique, comme vient de le démontrer Mme la marquise de Rambures dans un recueil présenté au public par M. Robert de la Sizeranne.

J. Cornély [1].

Les Études religieuses, 20 août 1899.

La Société de Saint-Augustin publiait l'année dernière un volume, dont les histoires et les images intéressent les enfants... et d'autres encore. Celui que M. Robert de la Sizeranne présente aujourd'hui au public puise en partie aux mêmes sources, et rapporte dans leur texte grec, latin, français, anglais, allemand, italien, des autorités intéressantes pour prouver la pitié que l'Église inspire à ses enfants envers les animaux. Si l'on a vu et si l'on voit des *esprits forts* et d'autres faire parade de sensibleries exagérées et ridicules envers leur chat, leur chien ou leur perroquet ; si, d'autre part, « depuis que la science se plaît à voir dans les bêtes

1. Dans un article reproduit par *le Soleil, le Petit Moniteur universel, Paris* et *le Nord*.

des ancêtres de l'homme, on les écorche et on les découpe vives pour les étudier »; si les philosophes aussi (tels que Malebranche) ont été de terribles compagnons pour les animaux, les artistes sont « de plus aimables camarades », et le christianisme enseigne la douceur envers ces êtres inférieurs, que saint François appelait « mes frères les agneaux, mes sœurs les tourterelles... »

Journal des Débats, 14 août 1899.

Sous ce titre : *l'Église et la pitié envers les animaux*, un laborieux érudit vient de réunir et de publier, dans leur langue originale, un certain nombre de textes empruntés à des écrivains anciens et modernes, français et étrangers, textes ayant pour objet de mettre en lumière ce fait que la pitié envers les animaux est un devoir pour tous et que, dès les premiers siècles de l'histoire de l'Église, le nouvel esprit qui animait le monde se manifesta dans ce domaine de la charité.

La Liberté, 23 juillet 1899.

Ce petit livre fort suggestif vient tout à fait à propos.

Robert de Flers.

Le Pain, 28 octobre 1899.

Le livre qu'une femme généreuse vient de publier : *l'Église et la pitié envers les animaux*, arrive à son heure au moment où les courses de taureaux menacent d'envahir nos pays de langue d'oïl.

Par une heureuse inspiration, Mme la marquise de Rambures a réuni, en un recueil qui aura une suite, les textes pieux qui recommandent la douceur pour les êtres inférieurs... Les exhortations des pères et des docteurs de l'Église se rencontrent là avec les gracieuses légendes des *Fioretti* et des hagiographes, les pages éloquentes des Ozanam et des Montalembert.

Clarisse Bader.

Le Pain, 24 février 1900.

Un choix de citations fort pittoresques, dû à Mme la marquise de Rambures, vient de nous rappeler, fort à propos, que l'Église a dit son mot sur les rapports de l'homme et du règne animal. Elle a, par la voix de saint Thomas, qui ne faisait en l'espèce que commenter Moïse, prescrit au fidèle d'être humain pour les bêtes...

Mais d'autres docteurs — des mystiques surtout — se sont attendris, non point d'un amour de tête, mais d'un amour de cœur, sur les tout petits de la création. Ils aiment, en eux, les vestiges de la main de Dieu ; en eux, c'est Dieu lui-même qu'ils aiment.

GEORGES GOYAU.

Annales de Philosophie chrétienne, juin 1900.

Cet ouvrage arrive à son heure pour préciser la pensée de l'Église...

Mme la marquise de Rambures établit par un grand nombre de textes que l'Église, considérant les animaux comme des êtres capables de souffrir, a proscrit la dureté et la cruauté à leur égard.

Abbé I. BERTIN.

Polybiblion, avril 1900.

Une charmante préface de M. de la Sizeranne sur l'origine chrétienne de cette forme spéciale de la charité, qui s'appelle la pitié envers les animaux...

C'est le bon saint François, qu'une jolie gravure nous fait voir au milieu des animaux familiers qu'il prêchait, qui semble présider à ce concert de toutes les voix de la pitié. Livre gracieux qui procède d'une bonne pensée, fort bien mise en œuvre : il mérite et recevra bon accueil.

ÉD. PONTAL.

Bulletin de la Société bibliographique, avril 1900.

Curieux livre qui n'a point encore son pareil, croyons-nous. Les textes ici recueillis établissent que le christianisme nous enseigne à épargner la douleur aux créatures, même et surtout inférieures. Car, lorsqu'il s'agit des autres, nous savons le rôle de la douleur pour les conduire à la béatitude. Mais quand il est question des êtres inférieurs, le christianisme nous montre qu'il faut les épargner en raison même de leur infériorité. C'est donc la pitié envers les animaux que prêche ce livre, tout imprégné de l'esprit chrétien.

Bulletin de la Société protectrice des Animaux, juin 1900.

Nous regrettons que l'espace restreint de ce rapport ne nous permette pas quelques citations, et nous invitons les lecteurs sérieux à recourir à cet ouvrage, dont nous donnons ici une trop imparfaite analyse.

The Daily Messenger (Paris), 6 septembre 1899.

This excellent little volume.

Revue du Midi (Nîmes), 1er août 1899.

La pitié envers les animaux est un devoir pour tous, et dès les premiers siècles de l'histoire de l'Église, le nouvel esprit qui animait le monde se manifesta dans ce domaine spécial de la charité. Depuis lors, c'est toujours chez les hommes attachés à l'Église qu'il se manifeste, tandis que dans les milieux hostiles ou indifférents à l'Église, il faut descendre jusqu'à Montaigne pour en trouver un exemple bien caractérisé. Et, depuis Montaigne, il faut venir jusqu'à la seconde moitié du siècle dernier pour apercevoir, en dehors du christianisme, quelque affirmation d'une loi de la pitié envers le monde inférieur à nous.

Pour mieux mettre ce fait en lumière, un savant auteur

a rassemblé en un charmant volume et publié dans leur langue originale, un certain nombre de textes empruntés à des écrivains anciens et modernes, français et étrangers.

La Chronique picarde (Amiens), 25 novembre 1899.

Le livre qu'a publié une chrétienne ardemment dévouée, la châtelaine de notre beau château de Rambures : *l'Église et la pitié envers les animaux*, arrive à son heure au moment où les courses de taureaux menacent d'envahir nos pays de langue d'oïl.

L'ouvrage est précédé d'une charmante préface de M. Robert de la Sizeranne, l'esthéticien, qui a surtout cherché dans les tableaux des primitifs le commentaire de la pitié de l'Église envers les animaux.

La Gazette de Lausanne, 28 juillet 1899.

Ces morceaux de source diverse forment un ensemble où les saints et les docteurs de tous les âges viennent témoigner de la constante tradition de l'Église catholique sur le chapitre de la pitié envers les animaux. C'est une revue où passent successivement plusieurs groupes : les Pères du désert, les moines des temps mérovingiens, les grands théologiens du moyen âge, et les évêques nos contemporains. EUGÈNE RITTER.

Revue bibliographique belge (Bruxelles), 30 novembre 1899.

Dans cette collection, les gracieuses légendes de l'hagiographie côtoient les documents de l'histoire ecclésiastique générale, les extraits des Pères sont commentés par ceux des scolastiques et des théologiens, un mandement de Mgr Besson contre les combats et les courses de taureaux trouve une éclatante confirmation dans des conférences ou des déclarations d'hommes tels que les cardinaux Manning et Gibbons. F.

Analecta Bollandiana, Excerptum ex tomo XVIII, *fasc.* IV (Bruxelles), 1899.

Le recueil de la marquise de Rambures est le dossier d'un avocat plaidant en faveur des animaux; pour faire réussir ce plaidoyer, on s'est adressé au témoignage des saints; c'est le côté par lequel ce livre intéresse nos études.

Allgemeines Litteraturblatt (Vienne), 15 déc. 1899.

Im ganzen ist die Publication, die noch eine Fortsetzung erfahren soll, recht gelungen und so können wir die kleine, nette Arbeit, die auch recht billig ist, bestens empfehlen.

Dr. Freiherr v. HACKELBERG.

Annalen van het Missiehuis te Tilburg, 15 sept. 1899.

Een merkwaardige collectie getuigenissen ten gunste der dierenbescherming, in dien zin altijd, dat het medelijden daar een deugd en een plicht is. Die getuigenissen zijn uit alle eeuwen der Kerk : zoowel de HH. Blasius en Macarius, Anselmus, Bernardus en Thomas van Aquina, als Montalembert, Newman, Gibbons, Capecelatro en den grooten voorvechter der dierenbescherming, Kard. Manning, zijn hier aan het woord, allen in de taal, waarin zij geschreven of gesproken hebben. Daaronder zijn zeer belangrijke verhandelingen uit den laatsten tijd over vivisectie.

The Weekly Register (Londres), 16 septembre 1899.

What is of most value is the teaching of accredited Catholic authorities such as Aquinas, Scavini, à Lapide, and the like; also, whatever tends to show that a higher sanctity means a more delicate sympathy with all suffering the least as well as the greatest; and to this end the examples of SS. Francis, Philip, Bernard, &c., are plausible evidence.

G. TYRRELL, S. J.

The Church Times (Londres), 11 mai 1900.

We commend this volume to the members of the Church Society for the Promotion of Kindness to Animals. They will find it to be a full and suggestive storehouse of excerpts from old and mediæval Catholic writers, and modern Roman Catholic authorities on the behalf of humanity to the brute creation.

The Church Weekly (Londres), 4 août 1899.

Altogether the book shows incontestably that the truest hearts of Christendom have ever been on the side of tenderness and consideration towards our poor relations " the animals, " and all the more because they are so completely in our power.

E. E. A. W.

The Sunday Sun (Londres), 20 août 1899.

It would do a good work to spread far and wide the knowledge contained in the above pages.

Modern Society (Londres), 21 juillet 1900.

On behalf of the Romish Church, the Marquise de Rambures has published an interesting collection of opinions of Saints, Bishops, Cardinals and Popes on the duty of caring for beasts and birds—thus showing that mediæval Christianity has " stood up " for the brute creation more than a good many people think.

The Zoophilist (Londres), 1er août 1899.

We wish to draw our readers' particular attention to an admirable book that has lately appeared under the above title, published by Monsieur Victor Lecoffre of Paris, who is one of the leading Catholic publishers in Europe.

This work is specially intended as a text-book for those

who seek to bring home to their Catholic friends how much mercy to animals has ever formed part of the ἔθος of Catholic Christianity, as exemplified in both the lives and writings of many of its most illustrious representatives.

We think the book bids fair to have a considerable circulation in the world—not a small one—for which it is specially intended.

... The pith of the book is in the table of contents, where we find that mercy to animals was either practised, enjoined, or sympathetically alluded to, by such noble exemplars of Catholicism as St. Anselm of Canterbury, St. Bernard, the greatest man of his age, St. Bonaventura, St. Blaise, St. Colomba of Scotland, Cornelius à Lapide, St. Colomban, St. Cuthbert, St. Francis, the sweet saint of Assisi, St. Giles, St. Gregory the Great, St. John Chrysostom, St. Thomas Aquinas, St. Philip Neri, Scavini, Stapf, St. Sulpice Severus, St. Pius V., Supreme Pontiff, and in more recent times by Montalembert, Cardinal Newman, Cardinal Manning, and last in order, though among the first in authority, His Holiness Leo XIII.

The exquisite preface is by Robert de la Sizeranne, so well-known for having made his countrymen better acquainted with British Art, and for causing Frenchmen to know the beauties, and even the name of Ruskin.

The Verulam Review (Londres), 1900.

She brings seventy clear and authoritative witnesses to the fact that mercy to animals has been and is inculcated in the Church, from the fourth century to the present day.

The Animals' Friend (Londres), octobre 1899.

A very valuable little book.

L'ouvrage est encore qualifié de « charmant volume » par *le Moniteur universel*, *la Patrie*, *la Presse*, *l'Autorité*, *la Libre Parole*, *le Peuple français*, *la Justice sociale*, *le*

Moniteur bibliographique (Lyon), *la Démocratie chrétienne* (Lille), *le Courrier* (Poitiers), *le Patriote orléanais*, *l'Espérance du Peuple* (Nantes), *l'Émancipateur* (Cambrai), *le Lorrain* (Metz), *la Revue catholique d'Alsace*, *la Liberté* (Fribourg) et *la Revue canadienne.*

PRÉFACE

Il y a dans la galerie des Sept-Mètres, au Louvre, un certain nombre de tableaux peints à la gloire de saint Jérôme. Le plus curieux est celui de Sano di Pietro, long et bas, où l'on voit le saint agenouillé sous un portique de la campagne siennoise, devant un lion héraldique. Celui-ci tend la patte, en roulant des yeux furieux, au saint docteur de l'Église, qui s'ingénie à en retirer une malfaisante épine. Plus loin, deux ermites s'en vont, manifestant par leurs gestes qu'ils sont peu curieux d'être mis en rapports aussi intimes avec le fauve. Du côté de la campagne, se déroule la suite ou la morale de cette singulière action : le lion, reconnaissant, se précipite sur une caravane chargée de vivres et pousse habilement les chameaux et leurs trésors vers la demeure du saint qui en profitera. Toute cette scène se passe dans un paysage en bois de Nuremberg et les acteurs en sont des personnages de cartes à jouer.

Mais l'insuffisance des procédés où la naïveté barbare de l'idée n'enlèvent point à cette œuvre — si même elles n'y ajoutent — son enseignement. Par le pinceau de ses vieux maîtres, l'art chrétien nous prêche, dès ses débuts, la pitié envers les animaux.

L'histoire ici représentée n'est d'ailleurs point attribuée par les textes dignes de foi à saint Jérôme, mais à saint Gérasime. Ce saint « étant un jour sur la rive du Jourdain, vit venir à lui un lion qui ne marchait que sur trois pieds ; il tenait en l'air le quatrième, dans lequel s'était enfoncée une épine. Il se présenta à Gérasime en rugissant de la douleur qu'il souffrait. Le saint, *touché de compassion*, retira l'épine, banda la plaie qu'elle avait causée et renvoya le roi du désert. Mais Dieu voulut faire voir, dans cette occasion, que les justes qui le servent fidèlement peuvent s'assujétir les bêtes les plus féroces, comme elles étaient soumises à Adam avant son péché ; car le lion, comme s'il eût été doué de la raison, ne le quitta plus que n'aurait pu faire un animal domestique, sans causer la moindre frayeur ni le moindre dommage à personne. Il demeura ainsi cinq ans au service du monastère, au bout desquels le saint étant mort, il refusa toute nourriture et alla expirer sur son tombeau. On croit que cette histoire a donné occasion aux peintres de représenter saint Jérôme avec un lion près de lui ; on l'aurait ainsi confondu avec saint Gérasime à cause de la ressemblance du nom que l'on trouve quelquefois écrit *Gérome*, par une mauvaise orthographe [1]. »

Quoi qu'il en soit, l'art en a profité pour figurer sans cesse, auprès du saint, la bête féroce assoupie et comme fascinée par la vue d'un chapeau de cardinal. Nos yeux ont pris l'habitude de voir des lions inoffensifs près des vieillards mitrés, et c'est sans étonnement qu'on aperçoit à la droite et à la gauche du Saint-Père, quand il est sur son trône, dans la salle des Consistoires, les deux grands lions de la tapisserie qui encadrent entièrement sa figure.

La place que l'art ancien fit aux animaux, dans ses représentations de la vie, est ainsi très grande et très noble. Il les montre en

1. *Les Petits Bollandistes*, 7e édit., t. III, *Saint Gérasime*.

rapports avec l'homme et avec le meilleur de l'humanité. Il ne les montre pas avec des porchers, des vachers, des bouchers ou des toucheurs de bœufs, ni avec des dompteurs ou des saltimbanques, comme l'art d'aujourd'hui; il les met en la compagnie des saints, des sages et des héros.

Vous ne trouvez guère dans l'art d'autrefois des œuvres entièrement consacrées à l'espèce animale, quelque chose comme les œuvres de Potter, ou de Jacques, ou de Troyon, ou de Landseer. Il n'y a pas chez les primitifs ou les renaissants d'*animaliers*. Mais il ne s'ensuit pas que les maîtres n'aient pas peint les animaux; seulement, ils les ont peints en même temps que les hommes : ils les ont introduits dans les scènes les plus grandioses, les plus suggestives, les plus capables de nous inspirer de l'affection pour tous les êtres qui y sont figurés. Ils les ont fait voleter, courir et gambader autour de l'étable sainte où naît l'Enfant Jésus; ils leur ont ouvert la porte des palais où siègent les docteurs de l'Église; ils ne leur ont pas fermé celle du Paradis.

Ce n'est qu'aux temps modernes qu'on s'est

imaginé de chasser des tableaux d'apparat ces humbles amis de l'homme, et de les reléguer dans un genre spécial de peintures, généralement destinées aux expositions canines. Le grand art chrétien admit la représentation des espèces animales accompagnant les saints jusque sur les autels de Celui « dont les miséricordes s'étendent sur toutes ses œuvres ». (*Miserationes Ejus super omnia opera Ejus.* Psaume CXLIV, 9.)

Ou bien l'art primitif n'exprime rien du sentiment intime des « siècles de foi », ou bien ce choix des êtres les plus humbles de la création comme inséparables compagnons des hommes les plus grands et les meilleurs nous révèle la sympathie des plus fervents chrétiens pour les animaux.

Et, chose à remarquer, on ne trouve guère d'exemples de ce sentiment en Europe avant le christianisme. Sans doute, de tous temps et dans tous les pays, certains animaux très apprivoisés, comme certains esclaves de jolie apparence, ont dû être choyés même par des maîtres très durs, au gré de leurs caprices. D'autre part, certains animaux qui avaient eu la chance d'être choisis pour être consacrés aux dieux et servir ainsi plus ou moins de fétiches étaient à ce titre, et comme tous les ἀναθήματα, sous l'égide de la loi ; mais un problème éthique, que dans l'antiquité gréco-romaine, même les Stoïciens n'abordent point, est celui des devoirs de l'homme envers les êtres inférieurs, mais sensibles, comme lui, à la douleur.

Au contraire, vous n'avez qu'à jeter les yeux sur la table des matières de ce volume pour voir que, dès les premiers siècles de l'histoire de l'Église, le nouvel esprit qui animait le monde se manifesta dans ce domaine spécial de la charité. Et depuis lors, c'est toujours chez les hommes attachés à l'Église qu'il se manifeste, tandis que dans les milieux hostiles ou indifférents à l'Église il faut descendre jusqu'à Montaigne pour en trouver un exemple bien caractérisé. Et depuis Montaigne, il faut venir jusqu'à la seconde moitié du dix-huitième siècle, pour apercevoir, en dehors du christianisme, quelque affirmation d'une loi de la pitié envers le monde inférieur à nous.

Montaigne, à la vérité, s'exprime sur ce

point en termes très forts et pleins de sens comme de sensibilité :—

« Ie ne prends gueres bestes en vie, à qui ie ne redonne les champs... Les naturels sanguinaires à l'endroict des bestes tesmoignent une propension naturelle à la cruauté. Aprez qu'on se feut apprivoisé à Rome aux spectacles de meurtre des animaulx, on veint aux hommes et aux gladiateurs... Et, à fin qu'on ne se mocque de cette sympathie que i'ay avecques elles, la theologie mesme nous ordonne quelque faveur en leur endroict; et, considerant qu'un mesme maistre nous a logez en ce palais pour son service, et qu'elles sont, comme nous, de sa famille, elle a raison de nous enioindre quelque respect et affection envers elles. »

Et Montaigne termine par ce trait charmant : « — Ie ne crains point à dire la tendresse de ma nature, si puerile que ie ne puis pas bien refuser à mon chien la feste qu'il m'offre hors de saison, ou qu'il me demande... »

Seulement, Montaigne, lorsqu'il cite à l'appui de ses sentiments le culte rendu par les païens à certains animaux dont ils avaient une superstitieuse terreur, oublie que le culte n'est pas, ici, de la sympathie, pas plus que la terreur n'est de la pitié. Plus noble infiniment est le sentiment de l'homme parvenu à la conquête du monde et à la domination des animaux, qui se penche sur eux pour les soulager, et qui leur donne non une place sur les autels, ce qui n'indique chez lui que *la peur*, mais bien à ses côtés, dans sa maison, ce qui indique *la charité*. Et combien plus délicat est le sentiment chrétien, qui voit en ces êtres inférieurs non des dieux, mais des créatures de Dieu, faites, elles aussi, pour témoigner, selon le langage de leurs formes et de leur beauté, la gloire du Créateur !

C'est ce que signifie, par exemple, cette admirable légende des *Vite di Santi Padri*, où Fra Domenico Cavalca raconte « comment saint Paul fut révélé à saint Antoine et comment saint Antoine le trouva ». Saint Paul avait cent treize ans, et menait une vie quasi céleste sur la terre. Saint Antoine, qui n'était point fort jeune, résolut de l'aller trouver dans son ermitage. Et il marchait depuis longtemps dans le désert, inquiet, désorienté, quand, levant les yeux, il vit un animal qui paraissait moitié homme et moitié cheval (que les poètes nomment centaure). Le voyant, il fit le signe de la croix et lui dit : « Dans quel endroit habite ce serviteur de Dieu que je m'en vais cherchant ? »

Alors ce centaure, comme ce fut la volonté de Dieu, comprenant Antoine et étendant la main droite vers une route et parlant comme il pouvait, en bredouillant confusément, montra à Antoine la route qu'il devait suivre. Et, cela fait, subitement il commença de courir vers la lande et disparut... Et, allant ainsi, Antoine parvint à une allée très pierreuse, et, là, il vit comme la forme d'un homme petit, avec le nez tordu et long et des cornes sur le front et des pieds comme ceux d'une chèvre ; et Antoine, s'épouvantant de toutes ces choses, s'arma du signe de la croix et, incontinent, l'animal, en signe de paix et de sécurité, lui offrit des dattes. Alors Antoine, prenant confiance, lui demanda qui il était, et l'autre répondit : « Je suis une créature mortelle et une de celles qui errent par le désert et que les païens abusés par diverses erreurs adorent comme des dieux et appellent satyres. Je suis l'envoyé de ma famille, et nous te demandons de prier pour nous notre Seigneur à tous, que nous savons être venu pour le salut du monde... » Antoine, à ces paroles, commença de ressentir une grande joie, et, s'émerveillant que cet animal pût comprendre sa langue et la parler, il planta son bâton en terre et s'écria : « Malheur à toi, Alexandrie, qui, à la place de Dieu, adores les idoles et les bêtes ! Que diras-tu pour ton excuse ? Voici que les bêtes mêmes confessent le Christ[1]. »

C'est la pensée qui anima le moyen âge : les animaux, comme toutes les créatures, célèbrent la gloire du Seigneur, et par conséquent doivent être représentés dans l'art sous les formes les plus gracieuses, et doivent être respectés dans la vie. C'est ainsi qu'aux époques de foi, où le darwinisme n'avait pas encore enseigné la compaternité des hommes et des bêtes, on exerçait envers celles-ci la charité naturelle, due à toute créature. Mais depuis que la science se plaît à voir en elles des ancêtres de l'homme, on les écorche et on les découpe vives pour les étudier. Les philosophes aussi ont été de

1. *Vite di Santi Padri, tratte dal volgarizzamento di F. Domenico Cavalca, con note del Prof. C. Gargiolli.*

terribles compagnons pour les animaux. Malebranche battait sa chienne en toute sécurité de conscience, car il s'était persuadé qu'elle ne sentait rien et que, si l'on entendait des cris, ce n'était là que l'effet de l'air poussé à travers ses voies respiratoires et non l'effet de la douleur. Les artistes, eux, sont de plus aimables camarades. Aussi est-ce dans leurs œuvres que j'ai d'abord aperçu la pitié envers les animaux. Déjà, en les observant, j'avais cru deviner ce que les textes recueillis dans ce volume établissent si bien, à savoir, que le christianisme nous enseigne d'épargner la douleur aux créatures même inférieures. Quand je dis « même inférieures », on pourrait dire « surtout inférieures ». Car, quand il s'agit des autres, nous voyons le rôle de la douleur pour les conduire aux béatitudes. Mais, quand il s'agit des êtres inférieurs, le christianisme nous montre qu'il les faut épargner en raison même de leur infériorité.

ROBERT DE LA SIZERANNE.

Nous tenons à mentionner et à remercier les auteurs, propriétaires d'ouvrages, directeurs de publications et éditeurs qui ont gracieusement autorisé nos emprunts :—

POUR NOTRE PREMIER RECUEIL

Son Ém. le Cardinal Capecelatro,

Mgr Bagshawe, ancien évêque de Nottingham,

Mgr le Révérendissime Abbé du Mont-Cassin,

Mgrs Landsteiner, Moyes,

Les RR. PP. Lescher, Neville,

Mmes Ozanam-Laporte, Abel Ram,

MM. Ernest Bell, Benziger et Cie, Bloud et Barral, l'Hon. Stephen Coleridge, le Vicomte de Meaux, Victor Retaux, Arthur Thomas;

POUR NOTRE SECOND RECUEIL

Son Ém. le Cardinal Vaughan,

S. G. Mgr Ryan, archevêque de Philadelphie,

Le T. R. P. Prieur de la Grande-Chartreuse,

Le R. Dom Hunter-Blair,

M. le Curé de Saint-Sulpice,

M. le Chanoine Corblet,

MM. les Abbés Henry, Le Monnier, de Raemy, Vacandard,

MM. Bloud et Barral, Burns et Oates, Desclée et Cie, Garnier Frères, Henri Oudin, Charles Poussielgue, Victor Retaux.

PREMIER RECUEIL

TABLE DES MATIÈRES

L'ÉGLISE

ET

LA PITIÉ ENVERS LES ANIMAUX

PREMIER RECUEIL

NÉMÉSIUS[1],

ÉVÊQUE D'ÉMÈSE,

SUR

la cruauté envers les animaux.

PATROLOGIÆ CURSUS COMPLETUS,... ACCURANTE J.-P. MIGNE,... *PATROLOGIÆ GRÆCÆ TOMUS XL*... PATRES ÆGYPTII SECULI IV; ALII... 1858.

***

NEMESII, EPISCOPI EMESÆ, DE NATURA HOMINIS.

CAP. I.

***

... Officium autem ejus, qui imperat, est, pro modo suæ inopiæ uti iis, quibus imperet; neque intemperanter et contumeliose ad luxum abuti, aut iis gravem esse atque molestum. Ergo in vitio sunt, qui bestiis non recte utun-

ΚΕΦ. Α.

***

...Ἄρχοντος δὲ ἔργον, πρὸς μέτρον χρείας τοῖς ἀρχομένοις κεχρῆσθαι, καὶ μὴ πρὸς ἡδυπάθειαν ἀκολάστως ἐξυβρίζειν, μηδὲ φορτικῶς καὶ ἐπαχθῶς προσφέρεσθαι τοῖς ἀρχομένοις. Ἁμαρτάνουσι τοίνυν, ὅσοι τοῖς ἀλόγοις οὐκ εὖ κέχρηνται. Οὐ γὰρ ποιοῦσιν ἄρχοντος ἔρ-

1. V. note 1.

tur. Non enim imperantis, aut omnino justi hominis munere funguntur, quando, ut traditur divinis Litteris; justus miseretur animarum jumentorum suorum...

γον, οὐδὲ δικαίου · κατὰ τὸ γεγραμμένον · Δίκαιος οἰκτείρει ψυχὰς κτηνῶν αὐτοῦ...

LES « ACTES DE S. BLAISE »

PUBLIÉS PAR LES BOLLANDISTES

SUR

la guérison miraculeuse d'animaux sauvages par S. Blaise, Évêque et Martyr.

ACTA SANCTORUM... EDITIO NOVISSIMA CUM ANIMADVERSIONIBUS EX TEMPORALIBUS D. PAPEBROCHII NUNC PRIMUM EX MSS EDITIS CURANTE JOANNE CARNANDET... FEBRUARII TOMUS PRIMUS... PARISIIS...

***

DE SANCTIS MARTYRIS SEBASTENIS, BLASIO EP. II PUERIS, VII MULIERIBUS.

***

PRIMA ACTA *ex vetustissimis MSS et Bon. Mombr.*

***

S. Blasii Comprehensio. curationes hominum ac brutorum.

***

...Videntes ergo irreprehensibilem ejus vitam hi qui in Sebastea Cappadociæ civitate fideles existebant, elegerunt sibi eum in Episcopum. Ipse vero pergens in montem qui vocatur Argei, habitavit ibi in quadam spelunca : et concurrebant ad eum agrestes feræ. Et si forsitan contigisset quocumque dolore teneri qualemvis ex eis, tamquam intellectuales concurrebant ad eumdem Sanctum in speluncam, et usque dum imponeret manus eis, benedicens eas non recedebant ab eo.

In illis itaque diebus jussit Agricolaus Præses congregari agrestes feras. Egredientes autem bestiarum comprehensores, venerunt in montem, in quo degebat S. Blasius Episcopus. Et videntes speluncam, et multitudinem bestiarum adstantium ante eum consternantes se ad invicem, et admirati dixerunt : Quid hoc vult esse? appropiantes autem viri illi ad speluncam, invenerunt B. Blasium orationem suam facientem. Et reversi nuntiaverunt Præsidi ea quæ viderant. Audiens autem Præses jussit plures milites cum illis pergere ut quantos invenirent illic esse absconsos Christianos sibi præsentarent...

***

III ACTA AUCTORE ANONYMO, **ex MS. monasterii Bodecen. Can. regular.**

***

CAPUT I.

S. Blasii virtutes, miracula.

***

... O beatum virum, non inferiori gloria Heliæ et Danieli comparandum! quorum unus et ipse in eremo degens ferarum cohabitator, rapacium coruorum ministerio pascitur : alter vero in lacum leonum projectus, traditoribus suis ab eis coram se devoratis, ipse illæsus et securus in medio eorum requiescit. In hoc scimus eis etiam eum præferendum, quod non solum inter bestias commorabatur, sed et in ægrotantes eas non parma[1] sanitatum insignia operabatur. Tua Christe hæc sunt opera : pietatis tuæ hæc sunt magnalia...

1. V. note 2.

LA « VIE DE S. MACAIRE D'ALEXANDRIE »

PUBLIÉE PAR LES BOLLANDISTES

SUR

un miracle opéré par S. Macaire d'Alexandrie, Abbé, en faveur d'une bête féroce.

ACTA SANCTORUM... EDITIO NOVISSIMA, CURANTE JOANNE CARNANDET... JANUARII TOMUS PRIMUS... PARISIIS...

***

DE S. MACARIO ALEXANDRINO ABBATE.

***

VITA EX VITIS PP. COLLECTA.

***

Narravit autem nobis Dei quoque servus Paphnutius, præclari hujus Sancti discipulus, quod cum quodam die sederet in aula S. Macarius, et Deum alloqueretur, hyæna [1] acceptum suum catulum, qui erat cæcus, attulit ad S. Macarium : et cum capite pulsasset ostium aulæ, ingressa est, eo adhuc sedente, et projecit catulum ad ejus pedes. Cum autem accepisset catulum S. Macarius, et spuisset in ejus oculos, oravit, et statim vidit. Et cum mater eum lactasset, et accepisset, ita exiit. Die autem sequenti pellem magnæ ovis attulit ad S. Macarium : et cum Sanctus vidisset pellem, hæc dixit hyænæ : Undenam hanc habuisses, nisi ovem alicujus devorasses ? Quod ergo proficiscitur ab

1. V. note 3.

injuria, ego a te non accipio. Hyæna autem humi inclinato capite genu flectebat ad pedes Sancti, et ponebat pellem. Ipse autem ei dicebat : Dixi me non accepturum, nisi juraveris te non amplius offensuram pauperes, comedendo eorum oves. Illa vero ad hoc quoque capite suo annuit, ut quæ Sancto assentiretur Macario. Tunc accepit pellem ab hyæna. Beata autem Christi ancilla Melania dixit mihi, se illam pellem accepisse a Macario illo, quod appellabatur munus hyænæ. Quid vero mirum est apud viros mundo crucifixos, si hyæna beneficio affecta, ad Dei gloriam, et honorem servorum ejus, id sentiens ad eum munera attulerit ? Nam qui in Daniele Propheta mansuefecit leonis [1], huic quoque hyænæ largitus est intelligentiam.

1. V. note 4.

LES « DIALOGUES »
DE
S. SULPICE SÉVÈRE[1]
SUR
les rapports que de saints ascètes en Égypte entretenaient avec des bêtes féroces.

PATROLOGIÆ CURSUS COMPLETUS... ACCURANTE J.-P. MIGNE,... PATROLOGIÆ TOMUS XX... PARISIIS... 1845.

***

SULPICII SEVERI DIALOGI.

***

DIALOGUS I.

***

XIV. Alium æque singularem virum vidimus, parvo tugurio, in quo non nisi unus recipi posset, habitantem. De hoc illud ferebatur, quod lupa ei solita erat astare cœnanti, nec facile umquam bestia falleretur, quin illi ad legitimam horam refectionis occurreret, et tamdiu pro foribus exspectaret, donec ille panem qui cœnulæ superfuisset, offerret : illam manum ejus lambere solitam : atque ita quasi impleto officio et præstita consolatione discedere. Sed forte accidit, ut sanctus ille, dum fratrem qui ad eum venerat deducit abeuntem, diutius abesset, et non nisi sub nocte remearet. Interim bestia ad consuetudinarium illud cœnæ tempus occurrit. Vacuam cellulam,

1. V. note 5.

cum familiarem patronum abesse sentiret, ingressa, curiosius explorans, ubinam esset habitator. Casu contigua cum panibus quinque palmicia sportella pendebat : ex his unum præsumit et devorat, deinde perpetrato scelere discedit. Regressus eremita videt sportulam dissolutam, non constante panum numero; damnum rei familiaris intelligit, ac prope limen panis absumpti fragmenta cognoscit; sed non erat incerta suspicio, quæ furtum persona fecisset. Ergo cum sequentibus diebus secundum consuetudinem bestia non venisset (nimirum audacis facti conscia, ad eum venire dissimulans, cui fecisset injuriam), ægre patiebatur eremita, se alumnæ solatio destitutum. Postremo illius oratione revocata, septimum post diem adfuit, ut solebat ante, cœnanti. Sed (ut facile cerneres verecundiam pœnitentis) non ausa propius accedere, dejectis in terram profundo pudore luminibus (quod palam licebat intelligi) quamdam veniam precabatur. Quam illius confusionem eremita miseratus, jubet eam propius accedere, ac manu blanda caput triste permulcet : dein pane duplicato ream suam reficit. Ita indulgentiam consecuta, officii consuetudinem deposito mœrore reparavit. Intuemini, quæso, Christi etiam in hac parte virtutem, cui sapit omne quod brutum est, cui mite est omne quod sævit. Lupa præstat officium, lupa furti crimen agnoscit, lupa conscio pudore confunditur : vocata adest, caput præbet, et habet sensum indultæ sibi veniæ, sicut pudorem gessit errati. Tua hæc virtus, Christe; tua sunt hæc, Christe, miracula : etenim quæ in tuo nomine operantur servi tui, tua sunt : et in hoc ingemiscemus, quod majestatem tuam feræ sentiunt, homines non verentur.

XV. Ne cui autem hoc incredibile forte videatur, majora memorabo. Fides Christi adest, me nihil fingere, neque incertis auctoribus vulgata narrare : sed quæ mihi per fideles viros comperta sunt, explicabo. Habitant plerique in eremo sine ullis tabernaculis, quos Anachoretas vocant : vivunt herbarum radicibus : nullo umquam certo loco consistunt, ne ab hominibus frequententur; quas nox coegerit, sedes habent. Ad quemdam igitur hoc ritu atque hac lege viventem duo ex Nitria monachi, licet longe diversa regione, tamen quia olim ipsis in monasterii conversatione charus et familiaris fuisset, auditis ejus virtutibus tetenderunt : quem diu multumque quæsitum, tandem mense septimo repererunt in extremo illo deserto quod est *Blembis* contiguum, demorantem : quas ille solitudines jam per annos duodecim dicebatur habitare. Qui licet omnium hominum vitaret occursus, tamen agnitos non refugit, seque charissimis per triduum non negavit. Quarto die aliquantulum progressus, cum prosequeretur abeuntes, leænam miræ magnitudinis ad se venire conspiciunt. Bestia, licet tribus repertis, non incerta quem peteret, anachoretæ pedibus advolvitur, et cum fletu quodam et lamentatione procumbens indicabat gementis pariter et rogantis affectum. Movit omnes, et præcipue illum qui se intellexerat expetitum. Præcedentem sequuntur : nam præiens, et subinde restitans subindeque respectans, facile poterat intelligi, id eam velle, ut quo illa ducebat, anachoreta sequeretur. Quid multis? ad speluncam bestiæ pervenitur, ubi illa adultos jam quinque catulos male feta nutriebat : qui ut clausis luminibus ex alvo matris exierant, cæcitate perpetua tenebantur; quos singulos de rupe prolatos ante anachoretæ pedes mater exposuit. Tum demum Sanctus animadvertit quid bestia postularet, invocatoque Dei nomine, contrectavit manu lumina clausa catulorum : ac statim cæcitate depulsa, apertis oculis bestiarum diu negata lux patuit. Ita fratres illi, anachoreta quem desiderabant visitato, cum admodum fructuosa laboris sui mercede redierunt : qui in testimonium tantæ virtutis admissi, fidem Sancti et gloriam Christi, quæ per ipsos esset testificanda, vidissent...

S. ADAMNAN,

ABBÉ D'IONA,

SUR

un miracle miséricordieux de S. Colomb, l'apôtre de l'Écosse septentrionale.

ACTA SANCTORUM... EDITIO NOVISSIMA, CURANTE JOANNE CARNANDET... JUNII TOMUS SECUNDUS... PARISIIS ET ROMÆ... 1867.

***

DE SANCTO COLUMBA PRESBYTERO ABBATE, IN IONA SCOTLÆ INSULA.

***

VITA PROLIXIOR **Auctore S. Adamnano Abbate.**

***

... Alio in tempore quidam Frater, nomine Molua nepos Briuni, ad Sanctum eadem scribentem hora veniens, dicit ad eum : Hoc quod in manu habeo ferrum, quæso benedicas. Qui paululum extensa manu sancta cum calamo signans benedixit, ad librum de quo scribebat facie conversa. Quo videlicet supradicto Fratre, cum ferro benedicto recedente, Sanctus percunctatur dicens : Quod Fratri ferrum benedixi ? Diermitius, pius ejus ministrator, Pugionem, ait, ad jugulandos boves vel tauros, benedixisti. Qui e contra respondens infit : Ferrum, quod benedixi, confido in Domino meo, quia nec homini, nec pecori nocebit. Quod Sancti firmissimum eadem hora comprobatum est verbum. Nam idem Frater, vallum egressus monasterii, bovem jugulare volens, tribus firmis vicibus, et forti impulsione conatus, nec tamen potuit ejus transfigere pellem. Quod Monachi scientes experti, ejusdem pugionis ferrum, ignis resolutum calore, per omnia monasterii ferramenta, liquefactum diviserunt in linitum; nec postea ullam potuere carnem vulnerare, illius Sancti manente benedictionis fortitudine.

LA « VIE DE S. GUTHLAC »

PUBLIÉE PAR LES BOLLANDISTES

SUR

la bienveillance de S. Guthlac, patron de Croyland, pour les animaux sauvages.

ACTA SANCTORUM... EDITIO NOVISSIMA, CURANTE JOANNE CARNANDET... APRILIS TOMUS SECUNDUS... PARISIIS ET ROMÆ... 1866.

***

DE S. GUTHLACO PRESBYTERO, ANACHORETA CROYLANDIÆ IN ANGLIA.

***

VITA **Auctore Felice coævo**.

***

24. Erant igitur in supradicta insula duo alites corvi, quorum infesta nequitia fuit : ita ut quidquid frangere, mergere, diripere, rapere, contaminare potuissent, sine ullius rei reverentia perderent. Nam veluti, cum familiaribus aucis intrantes domum, omnia quæcumque intus forisque invenissent, veluti improbi prædones rapiebant. Suprамemoratus autem Dei famulus, varias eorum injurias perferens, longanimiter pio pectore sufferebat ; ut non solum in hominibus exemplum patientiæ ipsius ostenderetur, sed etiam in volucribus et in feris manifesta esset. Erga enim omnia eximiæ caritatis ipsius gratia abundabat, intantum ut incultæ solitudinis volucres et vagabundi

cœnosæ paludis pisces, ad vocem ipsius, veluti ad pastorem, ocius natantes volantesque devenirent : de manu enim illius victum, prout uniuscujusque natura indigebat, vesci solebant...

LA « VIE DE S. ANSELME »

PUBLIÉE PAR LES BOLLANDISTES

SUR

la compassion de S. Anselme, Primat et Docteur de l'Église, pour les animaux souffrants.

ACTA SANCTORUM... EDITIO NOVISSIMA, CURANTE JOANNE CARNANDET... APRILIS TOMUS SECUNDUS... PARISIIS ET ROMÆ... 1866.

***

DE SANCTO ANSELMO ARCHIEPISCOPO CANTUARIENSI IN ANGLIA.

***

VITA **Auctore Eadmero sive Edmero, monacho Cantuariensi, ejus in Archiepiscopatu inindividuo comite.**

***

Discendente autem Anselmo a curia, et ad villam suam nomine Heysem, properante, pueri, quos nutriebat, leporem sibi occursantem in via canibus insecuti sunt, et fugitantem infra pedes equi, quem Pater ipse insedebat, subsidentem consecuti sunt. Ille sciens, miseram bestiam sibi sub se refugio consuluisse, retentis habenis, equum loco fixit, nec cupitum bestiæ voluit præsidium denegare : quam canes circumdantes, et haud grato obsequio hinc inde lingentes, nec de sub equo poterant ejicere, nec in aliquo lædere. Quod videndes, admirati sumus. At Anselmus, ubi quosdam ex equitibus adspexit ridere, et quasi pro capta bestia lætitiæ fræna laxare, solutus in lacrymas, ait : Ridetis? Et utique infelici huic nullus risus, lætitia nulla est.... Quibus dictis, laxato fræno, in iter rediit, bestiam ultra persequi clara voce canibus interdicens. Tunc illa ab omni læsione immunis, exultans præpeti cursu, campos silvasque revisit : nos vero depositis jocis, sed non modice alacres effecti de tam pia liberatione pavidi animalis, cœpto itinere, viam detrivimus.

Alia vice conspexit puerum cum avicula in via ludentem. Quæ avis pedem filo innexum habens, sæpe, cum laxius ire permittebatur, fuga sibi consulere cupiens, avolare nitebatur. At puer filum manu tenens, retractam usque ad se dejiciebat : et hoc ingens gaudium illi erat. Factum est id frequentius. Quod Pater aspiciens, miser condoluit avi, ac ut rupto filo libertati redderetur, optavit. Et ecce filum rumpitur, avis avolat, puer plorat, Pater exultat...

LA « VIE DE S. BARTHÉLEMY DE FARNE »

PUBLIÉE PAR LES BOLLANDISTES

SUR

un trait de compassion de S. Barthélemy de Farne.

ACTA SANCTORUM... EDITIO NOVISSIMA, CURANTE JOANNE CARNANDET... JUNII TOMUS QUINTUS... PARISIIS ET ROMÆ... 1867.

***

DE S. BARTHOLOMÆO EREMITA IN FARNE ANGLIÆ INSULA.

***

VITA **Auctore coævo, G. Monacho, forsan Galfrido.**

***

30. Hanc vero insulam vetusta longævitas quasdam perhibet aves incolere, quarum cum miraculo et nomen perseverat et genus. Tempore nidificationis ibi conveniunt, tantæque mansuetudinis gratiam a loci sanctitate, vel potius ab his qui locum in sua sanctificarunt conversatione, mox impetrant, ut humanos contactus et obtutus non abhorreant : quietem amant, et tamen strepitu non deterrentur...

31. Quodam autem tempore, dum quædam pullos suos ipsa præeunte duceret, unus ex eis in rimosæ rupis barathrum incidit : mater vero substitit tristior, et humanæ rationis habitum nemo tunc dubitat induisse. Confestim enim reversa, relictis ibi filiis, ad Bartholomæum venit,

et oram pallii sui rostro trahere cœpit ; acsi aperte diceret, Surge et sequere me, et filium meum mihi redde. Cui ille ocius assurgit, credens quod sub ipso nidum quæreret. Illa vero magis ac magis trahente, animadvertit tandem eam aliquid petere, quod significatione vocis non noverat expedire : erat siquidem perita opere, quæ fuerat imperita sermone. Præcedit igitur illa, illeque subsequitur ; veniensque ad rupem rostro locum ostendit, et Bartholomæum intuita, quo potuit indicio, ut introspiceret innuit. Qui accedens, videt pullum in rupe pennulis hærentem, descendensque matri restituit. Quo illa plurimum dilectata, lætiore vultu putabatur gratias agere. Aquas ergo cum filiis ingreditur, et Bartholomæus stupore repletus ad oratorium suum regreditur. Ita quoque omni tempore Dominus virtutum gratiam in Sanctis suis temperat, ut nonnumquam ex minimis rebus amplioris gratiæ titulus accrescat.

LA « VIE DE S. BERNARD »
PAR
GAUFRIDUS, ABBÉ DE CLAIRVAUX,
SUR
la compassion de S. Bernard, Père et Docteur de l'Église, pour les animaux souffrants.

ACTA SANCTORUM... EDITIO NOVISSIMA, CURANTE JOANNE CARNANDET... AUGUSTI TOMUS QUARTUS... PARISIIS ET ROMÆ... 1867.

***

DE SANCTO BERNARDO CONFESSORE, PRIMO CLARAVALLENSI ABBATE, PATRE AC DOCTORE ECCLESIÆ...

***

VITA

Quam Mabillonius occasione Operum S. Bernardi, anno MDCXC *Parisiis a se vulgatorum, volumine* II, *a columna* 1061 *post Opera supposititia et aliena edidit.*

***

LIBER TERTIUS,

Auctore Gaufrido, Monacho quondam Claravallensi, et S. Bernardi notario; postea Claravallensi abbate.

***

... Cujus tanta erat humanitas, ut non modo hominibus, sed irrationabilibus etiam animantibus, avibus compateretur et feris : nec compatienti deerat virtutis effectus. Contigit enim aliquoties, ut iter agens, fugientem, et (ut videbatur) protinus capiendum vel lepusculum a canibus, ve aviculam ab accipitribus, signo crucis edito miratierbil liberaret, diceretque sequentibus, frustra sese conari, nec ullatenus, se præsente, ejusmodi exercere posse rapinam.

S. BONAVENTURE,

LE « DOCTEUR SÉRAPHIQUE »,

SUR

la compassion et l'affection de S. François d'Assise pour les animaux.

ACTA SANCTORUM... EDITIO NOVISSIMA, CURANTE JOANNE CARNANDET... OCTOBRIS TOMUS SECUNDUS... PARISIIS ET ROMÆ... 1866.

***

DE S. FRANCISCO CONFESSORE FUNDATORE ORDINIS MINORUM ASSISII IN UMBRIA.

***

VITA ALTERA **Auctore S. Bonaventura**... *Ex editione Sedulii, collata cum editione Suriana, Romana, Waddingiona et codice nostro Ms.*

***

De pietatis adfectu, et quomodo ratione carentia adfici videbantur ad ipsum.

***

Consideratione quoque primæ originis omnium abundantiori pietate repletus, creaturas, quantumlibet parvas, Fratris vel Sororis appellabat nominibus; pro eo, quod sciebat, eas unum secum habere principium. Illas tamen viscerosius complexabatur et dulcius, quæ Christi mansuetudinem piam similitudine naturali prætendunt, et Scripturæ significatione figurant. Redemit frequenter agnos, qui ducebantur ad mortem, illius memor Agni mitissimi, qui ad occisionem duci voluit pro peccatoribus redimendis...

***

Alio quoque tempore apud Græcium vivus Viro Dei oblatus fuit lepusculus ; qui liber in terra positus, cum posset, quo vellet, effugere, vocante se Patre benigno, in sinum illius propero cursu saltavit. Quem ipse pio cordis affectu circumfovens, videbatur eidem compati quasi mater ; dulcique allocutione commonitum, ne se iterum capi permitteret, liberum abire permisit. Cumque pluries in terra positus, ut abscederet, semper in sinum Patris rediret (tamquam si sensu quodam occulto cordis ipsius perciperet pietatem) tandem jussu Patris a fratribus delatus est ad loca solitudinis tutiora. Modo quoque consimili in insula lacus Perusini cuniculus quidam captus, et Viro Dei oblatus, cum ceteros fugeret, manibus ejus et sinui se domestica securitate commisit.

S. THOMAS D'AQUIN,

« LE DOCTEUR ANGÉLIQUE »,

SUR

l'humanité envers les animaux prescrite par la Loi de Moïse.

S. THOMÆ AQUINATIS, O. P. DOCTORIS ANGELICI ET OMNIUM SCHOLARUM CATHOLICARUM PATRONI SUMMA THEOLOGICA... EDITIO EMINENTISSIMO CARDINALI JOSEPHO PECCI OBLATA... TOMUS SECUNDUS CONTINENS PRIMAM SECUNDÆ... PARISIIS MDCCCLXXXVII...

***

QUÆSTIO CII

***

... Quantum vero ad affectum passionis, movetur affectus hominis etiam circa alia animalia; quia enim passio misericordiæ consurgit ex afflictionibus aliorum, contingit autem etiam bruta animalia pœnas sentire, potest in homine consurgere misericordiæ affectus etiam circa afflictiones animalium. Proximum autem est ut qui exercetur in affectu misericordiæ circa animalia, magis ex hoc disponatur ad affectum misericordiæ circa homines; unde dicitur Prov. 12. 10 : *Novit justus animas jumentorum suorum; viscera autem impiorum crudelia.* Et ideo, ut Dominus populum judaicum ad crudelitatem pronum, ad misericordiam revocaret, voluit eos exercere ad misericordiam etiam circa bruta animalia, prohibens quædam circa animalia fieri quæ ad crudelitatem quamdam pertinere videntur. Et ideo prohibuit *ne coqueretur hœdus in lacte matris*, et quod *non alligaretur os bovi trituranti*, et quod *non occideretur mater cum filiis*...

LA BULLE « DE SALUTE GREGIS »

DE

S. PIE V

SUR

les courses de taureaux [1].

BULLARIVM... A GREGORIO SEPTIMO, USQUE AD S. D. N. SIXTUM QUINTUM PONTIFICEM OPT. MAX... *D. Laertii Cherubini de Nursia Iurisconsulti*... ROMÆ... M.D.LXXXVI... CUM PRIVILEGIO.

***

Prohibitio agitationis Taurorum, & aliarum bestiarum, & annullatio votorum, & iuramentorum de huiusmodi agitatione factorum.

***

PIVS Episcopus seruus seruorum Dei, ad perpetuam rei memoriam.

DE salute gregis Dominici nostræ curæ diuina dispensatione crediti, prout ex debito pastoralis officii astringimur, solicite cogitantes, fideles cunctos gregis eiusdem ab imminentibus corporum periculis etiam animarum pernicie perpetuo arcere studemus. Sane licet detestabilis Duellorum vsus a diabolo introductus, vt cruenta corporum morte animarum etiam perniciem lucretur, ex decreto Concilii Tridentini prohibitus fuerit, nihilominus adhuc in plerisque Ciuitatibus, & aliis locis, quamplurimi ad ostentationem virium suarum &

1. V. note 6.

audaciæ, in publicis priuatisque spectaculis, cum Tauris, & aliis feris bestiis congredi non cessant, vnde etiam hominum mortes, membrorum mutilationes, animarumque pericula frequenter oriuntur. Nos igitur considerantes hæc spectacula, ubi Tauri, & Feræ in circo vel foro agitantur, a pietate, & charitate Christiana aliena esse, ac volentes hæc cruenta turpiaque dæmonum, et non hominum spectacula aboleri, & animarum saluti quantum cum Deo possumus prouidere, Omnibus & singulis Principibus Christianis quacunque tam ecclesiastica, quam mundana etiam Imperiali, Regia, vel quauis alia dignitate fulgentibus, quouis nomine nuncupentur, vel quibusuis Communitatibus & Rebuspublicis, hac perpetuo nostra Constitutione valitura sub excommunicationis, & anathematis pœnis ipso facto incurrendis, prohibemus & interdicimus, ne in suis Prouinciis, Ciuitatibus, Terris, Oppidis & locis, huiusmodi spectacula, vbi Taurorum aliarumque Ferarum bestiarum agitationes exercentur, fieri permittant. Militibus quoque cæterisque aliis personis, ne cum Tauris & aliis bestiis in præfatis spectaculis, ipsi tam pedestres, quam equestres congredi audeant, interdicimus. Quod si quis eorum ibi mortuus fuerit, ecclesiastica careat sepultura. Clericis quoque tam regularibus, quam sæcularibus beneficia ecclesiastica obtinentibus, vel in sacris ordinibus constitutis sub excommunicationis pœna ne eisdem spectaculis intersint, similiter prohibemus. Omnesque obligationes, iuramenta & vota, a quibusuis personis, Vniuersitate vel Collegio de huiusmodi Taurorum agitatione, etiam vt ipsi falso arbitrantur, in honorem Sanctorum, seu quarumuis ecclesiasticarum solennitatum, & festiuitatum, quæ diuinis laudibus, spiritualibus gaudiis, piisque operibus, non huiusmodi ludis celebrari, & honorari debent, hactenus factas, & facta, seu in futurum fienda, quæ, et quas omnino prohibemus, cassamus & annullamus, ac pro cassis, nullis, et irritis haberi perpetuo decernimus atque declaramus. Mandamus autem omnibus Principibus, Comitibus, & Baronibus, Sanctæ Romanæ Ecclesiæ feudatariis, sub pœna priuationis feudorum, quæ ab ipsa ecclesia Romana obtinent, Reliquos vero Principes Christianos, & Terrarum dominos prædictos hortamur in Domino, & in uirtute sanctæ obedientiæ mandamus, vt pro diuini nominis reuerentia & honore præmissa omnia in suis dominiis, ac terris huiusmodi exactissime seruari faciant, vberrimam ab ipso Deo mercedem tam boni operis recepturi; ac vniuersis venerabilibus fratribus Patriarchis, Primatibus, Archiepiscopis, & Episcopis, aliisque locorum ordinariis, in virtute sanctæ obedientiæ, sub obtestatione diuini iudicii, & interminatione maledictionis æternæ, quatenus in Ciuitatibus, & diœc. propriis præsentes nostras literas sufficienter publicari faciant, & præmissa etiam sub pœnis, & censuris ecclesiasticis obseruari procurent. Non obstantibus quibusuis constitutionibus, & ordinationibus Apostolicis, ac exemptionibus, priuilegiis, indultis, facultatibus, & literis Apostolicis, quibusuis personis cuiuscunque qualitatis, & conditionis existentibus, sub quibuscumque tenoribus, & formis, ac cum quibusuis etiam derogatoriarum derogatoriis, aliisque efficacioribus, & insolitis clausulis, necnon irritantibus, & aliis decretis in genere, vel in specie, etiam Motu proprio, ac alias quomodolibet concessis, approbatis, & innouatis, quibus illorum tenores præsentibus pro expressis habentes, specialiter & expresse derogamus, cæterisque contrariis quibuscunque. Volumus autem quod præsentes literæ in Cancellaria nostra apostolica, & acie Campi Floræ de more publicentur, & inter constitutiones perpetuo valituras describantur, & earum transumptis etia impressis manu alicuius Notarii publici subscriptis, & sigillo alicuius Prælati munitis eadem prorsus fides ubiq; adhibeatur, quæ eisdem præsentibus adhiberetur, si forent exhibitæ, vel ostensæ. Nulli ergo omnino hominum liceat hanc paginam nostræ prohibitionis, interdicti, cassationis annullationis, decreti, declarationis, mandati, hortationis, derogationis, &

voluntatis infringere, vel ei ausu temerario contraire. Si quis autem hoc attentare præsumpserit, indignationem omnipotentis Dei, ac beatorum Petri & Pauli Apostolorum eius se nouerit incursurum.

Datum Romæ apud Sanctum Petrum Anno Incarnationis Dominicæ millesimo quingentesimo sexagesimo septimo, Cal. Nouembris, Pontificatus Nostri Anno Secundo.

CORNELIUS A LAPIDE,

DE LA COMPAGNIE DE JÉSUS,

LE FAMEUX COMMENTATEUR DE LA BIBLE,

SUR

Proverbes XII, 10, Ecclésiastique VII, 24, et Romains VIII, 19-21.

COMMENTARIA IN SCRIPTURAM SACRAM R. P. CORNELII A LAPIDE, E SOCIETATE JESU, SANCTÆ SCRIPTURÆ OLIM LOVANII, POSTEA ROMÆ PROFESSORIS, ACCURATE RECOGNOVIT AC NOTIS ILLUSTRAVIT AUGUSTINUS CRAMPON,... TOMUS QUINTUS... IN PROVERBIA SALOMONIS... PARISIIS,... M DCCC LIX.

***

CAPUT DUODECIMUM.

***

10. NOVIT JUSTUS JUMENTORUM SUORUM ANIMAS : VISCERA AUTEM IMPIORUM CRUDELIA.—...

***

... Ita S. Chrysostomus, hom. 29 *in epist. ad Rom.* « Sunt enim, ait, Sanctorum animæ vehementer mites et hominum amantes, non solum erga suos, sed etiam alienos, ita ut hanc suam mansuetudinem etiam ad animantia bruta extendant. Propterea et sapiens quidam dixit : Justus miseretur animarum jumentorum suorum. Si ergo jumentorum, multo magis hominum. » Idem Chrysostomus plenius in *Catena Græc.* hunc locum sic explicat : « Quid, ait, audio ? Numquid justus jumentorum suorum animas miseratur? Utique erga illa quoque magnam humanitatem et clementiam ostendamus oportet, idque cum ob alia, tum ob id maxime, quod ea ratione et occasione illis compati et condolere discamus, qui ejusdem nobiscum sunt generis. Nec enim Deus citra causam in lege præcepit, ut jumentum prolapsum erigamus, et errabundam ovem ad viam reducamus, neque bovis triturantis os obligemus. Vult itaque ut magnam in bruta quoque animantia misericordiam exerceamus... »

Idcirco ergo Deus Judæis præceperat misereri jumentorum, ut discerent misereri proximorum, ne, si in jumenta essent crudeles, discerent efferari in homines.... Hanc misericordiam Deus sanxit non tantum suo verbo, sed et exemplo. Ipse enim jumentorum curam gerit. Unde illud *Psal.* xxxv, 7 : « Homines et jumenta salvabis, Domine. » Et Christus, ait S. Bernardus, in præsepio positus fuit inter bovem et asinum, ut salvaret homines et jumenta. Et *Psal.* ciii, 14 : « Producens fœnum jumentis. » Et *Psal.* cxlvi, 9 : « Qui dat jumentis escam ipsorum, et pullis corvorum invocantibus eum. » Deum ergo Deique pietatem imitantur, qui in bestias misericordes sunt.

Sic S. Anselmus, ut habet ejus Vita, affectu commiserationis movebatur erga bestias, easque deflebat, cum laqueis venatorum irretitas cerneret...

Præ reliquis sensum hunc pietatis in bestias ostendit S. Franciscus, de quo ita scribit S. Bonaventura, lib. I Vitæ ejus, cap. VIII : « Consideratione primæ originis omnium, abundantiori pietate repletus, creaturas quantumlibet parvas fratris vel sororis appellabat nominibus, pro eo quod sciebat eas unum secum habere principium. Illas tamen viscerosius amplectabatur et dulcius, quæ Christi mansuetudinem piam similitudine naturali prætendunt, et Scripturæ significatione figurant. Redemit frequenter Agnos, qui ducebantur ad mortem, illius memor agni mitissimi, qui ad occisionem duci voluit pro peccatoribus redimendis. »... Mira sunt quæ addit de cicada, phasiano, falcone, et lupis a viro sancto dilectis et protectis, atque ad Dei laudem invitatis.

COMMENTARIA IN SCRIPTURAM SACRAM R. P. CORNELII A LAPIDE, E SOCIETATE JESU, SANCTÆ SCRIPTURÆ OLIM LOVANII, POSTEA ROMÆ PROFESSORIS... ACCURATE RECOGNOVIT AC NOTIS ILLUSTRAVIT AUGUSTINUS CRAMPON,... TOMUS NONUS... IN ECCLESIASTICUM... PARISIIS,... M DCCC LIX.

CAPUT SEPTIMUM.

***

24. PECORA TIBI SUNT ? ATTENDE ILLIS. — Græce ἐπισκέπτου αὐτά, id est inspice, intende, visita, cura illa ; non credas ea per omnia servis : sed tu

ipse ea quandoque visita, an debite a famulis tractentur et alantur...

Porro tribus de causis eorum curam commendat : *prima* est, quia heri est curare non tantum se, sed et totam familiam, ad quam pertinent et pecora. Rursum benignitas et beneficentia heri se non tantum ad homines, sed et pecora extendat oportet; sicut enim vitium sævitiæ est nimio labore obruere jumenta, aut negare eis cibum debitum : sic pariter virtus clementiæ est benignum esse in pecora, eisque de pabulo, adaquatione cæterisque commodis statis horis providere, juxta illud *Proverb.* XII, 10 : « Novit (Septuaginta *miseratur*) justus jumentorum suorum animas ; viscera autem impiorum crudelia. » In quæ verba S. Chrysostomus, homil. 29 in epist. *ad Romanos* : « Sunt enim, inquit, Sanctorum animæ vehementer mites, et hominum amantes, non solum erga suos, sed etiam alienos ; ita ut hanc suam mansuetudinem etiam ad animantia bruta extendant. Idcirco Sapiens dixit : Justus miseretur animarum jumentorum suorum ; si ergo jumentorum, multo magis hominum. »

* * *

Tertia, quia inhumanitas et sævitia in pecora signum et principium est sævitiæ in homines. Quocirca ex historiis liquet eos, qui crudeles fuere in homines, sævos quoque fuisse in bestias. Ita

Nero crudelis delectabatur laniena et carnificina animalium, adeoque ipse sua manu sæpe ea jugulabat, hæcque erat ejus recreatio et voluptas. Domitianus crudelis horas plures per diem vacabat captioni et mactationi muscarum ; stylo enim aureo eas configebat, ut nullam vivam relinqueret; unde proverbium : « Ne musca quidem... »

COMMENTARIA IN SCRIPTURAM SACRAM R. P. CORNELII A LAPIDE, E SOCIETATE JESU, SANCTÆ SCRIPTURÆ OLIM LOVANII, POSTEA ROMÆ PROFESSORIS... ACCURATE RECOGNOVIT AC NOTIS ILLUSTRAVIT AUGUSTINUS CRAMPON,... TOMUS DECIMUS OCTAVUS,... PARISIIS,... M DCCC LVII.

***

COMMENTARIUS IN EPISTOLAM AD ROMANOS.

***

CAPUT OCTAVUM.

***

19. Nam exspectatio creaturæ revelationem filiorum Dei expectat.—...

***

Tertio, et optime *creatura* hic proprie accipitur. Nam, vers. 22, opponitur hominibus et filiis Dei. Ita S. Chrysostomus, Theodoretus, Theophylactus, Œcumenius, Ambrosius, lib. IV *Hexameron* ; Hilarius, lib. XII *De Trinit.* ; Sotus, Adamus, Pererius et Toletus...

20. Vanitati creatura subjecta est non volens, sed propter eum, qui subjecit eam in spe.—...

***

In spe, — sub spe liberationis et commutationis in melius in communi hominum rerumque omnium resurrectione et renovatione.

21. Creatura liberabitur a servitute corruptionis, in libertatem gloriæ filiorum Dei.—...

***

Tertio et planius, « in libertatem », id est in imitationem, vel ad exemplum libertatis filiorum Dei, ut similem quamdam libertatem, stabilitatem et immortalitatem creaturæ aliæ accipiant. *In* ergo exemplarem, vel etiam finalem causam significat. Ita Pererius et Toletus.

Nota : Libertas gloriæ hoc idem est, quod libertas gloriosa. *Secundo,* libertas hæc non naturæ, nec gratiæ, sed gloriæ, est liberatio ab omni miseria, infirmitate, corruptione, adeoque ab omni malo animi et corporis, culpæ et pœnæ.

LA « THÉOLOGIE MORALE » DE STAPF

SUR

les rapports du chrétien avec les animaux.

THEOLOGIA MORALIS IN COMPENDIUM REDACTA AB AMBR. JOS. STAPF, *Theol. mor. et Paedagog. Professore atque Concil. Eccles. Brixin. actuali*... TOMUS II... EDITIO QUARTA... OENIPONTI,... 1836.

***

Annotationes speciales de usu animantium.

***

... DEUS enim etiam animantia sensu vitae pro illorum modulo jucundae donavit; absit ergo, ut hunc eorum sensum absque omni ratione vulneremus, vel ex mera affectus cruditate dolorem illis et cruciatum inferamus. Tum vero talis animalia torquendi consuetudo semper *indignam animi ferocitatem* supponit. Mens vel mediocriter humana hanc torquendi libidinem refugit, et pia compassione afficitur, ubi misera animantia casu, vel etiam urgente justa ratione graviter afflicta videt. Denique per hanc eandem versus animantia saevitiam *affectus humanitatis magis semper magisque hebetari solet*. Qui in bruta animalia desaevire consuevit, brevi etiam contra homines ferociet, omnisque fraternae commiserationis expers erit. Id quod ipsa experientia abunde confirmatur. Quam pium benignitatis sensum Test. vetus erga animantia spiret, ex compluribus ejusdem locis patet, e. g. **Exod.** 23, 5. et seq., **Deut.** 25, 4., **Prov.** 12, 10., **Eccli.** 7, 24.

LA « THÉOLOGIE MORALE » DE SCAVINI

SUR

les rapports du chrétien avec les animaux.

THEOLOGIA MORALIS UNIVERSA AD MENTEM S. ALPHONSI M. DE LIGORIO EPISC. ET DOCTORIS PIO IX PONTIFICI M. DICATA AUCTORE PETRO SCAVINI... EDITIO XIV... LIBER SECUNDUS... MEDIOLANI... 1890.

***

Dominium in animantia. In usu *animantium* duo cavenda (monet Stapf, § 443) : *Indigna affectio* et *inhumana sævities*. Primum creaturæ rationali est indignum : sane carpendi sunt quos certa animalcula ita sibi devincta tenent, ut hæc pluris videntur facere ipsis hominibus. Sed non minus ratio omnem adversus animantia petulantem sævitiem abhorret. Hæc enim divinis consiliis repugnat. « Deus enim etiam animantia sensu vitæ pro illorum modulo jucundæ donavit : absit ergo ut hunc eorum sensum absque omni ratione vulneremus... Tunc vero talis animalia torquendi consuetudo semper indignam animi ferocitatem supponit : mens enim vel mediocriter humana hanc torquendi libidinem refugit... Denique per hanc affectus humanitatis magis semper magisque hebetari solent ; qui in bruta animalia dæsevire consuevit, brevi etiam contra homines ferociet...

Quem [1] pium benignitatis sensum Testamentum vetus ergo animantia spiret, ex compluribus locis patet : *Exodi* XXIII ; *Deut.* XXV ; *Levit.* XXI ; *Eccli.* VII. » Et Prov. XII legitur : *Norit justus jumentorum suorum animas ; viscera autem impiorum crudelia...*

1. V. note 7.

« INSTRUCTION PASTORALE ET MANDEMENT »

DE

Mgr BESSON, ÉVÊQUE DE NIMES,

SUR

les combats et les courses de taureaux.

OEUVRES PASTORALES ET ORATOIRES DE Mgr BESSON ÉVÊQUE DE NIMES, UZÈS ET ALAIS... 3E SÉRIE. — 1883-1887... TOME PREMIER... PARIS... RETAUX-BRAY, LIBRAIRE-ÉDITEUR, 1887.

***

INSTRUCTION PASTORALE ET MANDEMENT SUR LES COMBATS ET COURSES DE TAUREAUX.

15 août 1885.

Il fut un temps, nos très chers frères, où les évêques étaient écoutés avec l'attention que doit commander leur parole, et obéis avec la docilité et l'empressement qu'impose leur divine mission. Telle fut la consolation de saint Augustin prêchant les bateliers d'Hippone et les populations à demi barbares de Césarée. Pour corriger le peuple d'Hippone de l'abus des festins trop libres, il prit en main le livre des Écritures, il y lut les reproches les plus véhéments, il conjura ses auditeurs par les opprobres, par les douleurs de Jésus-Christ, par sa croix, par son sang, de ne point se perdre par de tels excès. Pendant qu'il leur parlait, leurs larmes prévinrent les siennes, il pleura avec eux et il eut la consolation de voir ce peuple docile et corrigé. Les habitants de Césarée avaient coutume de célébrer des jeux publics dans lesquels ils s'attaquaient les uns les autres avec une indicible fureur, et se poursuivaient l'épée à la main jusqu'à la mort. Augustin entreprit de les dissuader de ce cruel usage. Il parla avec tant de force et de grandeur qu'il excita leurs applaudissements, mais il ne commença à espérer leur conversion qu'en voyant couler leurs larmes. « Quand je les vis couler, dit-il, je crus que cette horrible coutume qu'ils avaient reçue de leurs ancêtres, et qui les tyrannisait depuis si longtemps, serait abolie. Il y a déjà environ huit ans et même plus que ce peuple, par la grâce de Jésus-Christ, n'a rien entrepris de semblable. »

Il y a vingt ans qu'un autre Augustin, d'éloquente et courageuse mémoire, Mgr Plantier, notre illustre prédécesseur, s'est élevé contre les combats de taureaux, qui sont la honte de vos mœurs et qui font demander aux étrangers si la ville de Nîmes est réellement une cité chrétienne. Mgr Plantier se déclarait incapable de répondre à ce reproche, il baissait la tête, il se mettait résolument à la tâche pour abolir l'odieuse coutume qui tyrannisait son cher troupeau.

On nous disait de lui, en nous citant cette instruction pastorale qui lui valut les applaudissements de toute la France : « L'évêque a perdu son temps ; les mœurs publiques sont plus fortes que l'éloquence, la raison, l'humanité même ; il faut tolérer ce qu'on ne saurait ni empêcher ni prévenir ; Nîmes demeurera insensible sur ce point à tous les reproches de ses évêques ; prenez-en votre parti, Nîmes gardera à tout jamais ses courses de taureaux. »

On nous disait encore : « Il faut distinguer entre les courses et les combats de taureaux. Les courses traditionnelles de nos contrées n'ont rien de dangereux ; les combats espagnols méritent au contraire une sévère censure. Nous amortissons par des bourrelets la fureur des cornes de l'animal ; nos agiles toréadors savent les éviter d'un bond après les avoir légèrement excités ; ce sont d'ailleurs des taureaux de Camargue qui font tous les frais de nos courses, leur vigueur est médiocre, leur ardeur facile à modérer, et il est rare qu'ils fassent des victimes. »

C'est avec de telles excuses que l'on a continué à entretenir le goût du peuple pour de tels divertissements. Mais la modération a paru une faiblesse, on a rêvé les combats à force d'assister aux courses ; le sang coulait à peine, on a voulu le voir couler à grands flots, et après nous avoir demandé grâce pour des jeux que l'on disait inoffensifs, voici qu'on la sollicite encore pour des spectacles qui font horreur. Souffrez, tolérez, amnistiez les combats de taureaux : c'est l'esprit public qui exige ce délassement.

Non, cette tolérance qu'on nous demande, nous ne saurions l'accorder ; ce parti qu'on nous prêche, nous ne saurions le prendre. Nous parlerons à notre tour, dussions-nous n'être ni écouté ni entendu. Ou plutôt, ce n'est pas nous qui parlerons, c'est le spectacle même que vos arènes viennent de donner le 9 août dernier. Puisque vingt mille personnes ont eu le triste courage d'ouvrir les yeux pour le voir, qu'elles ouvrent aujourd'hui les oreilles pour en entendre l'affreux récit.

C'est la presse qui a préparé ce spectacle et qui en fait valoir l'étrange beauté. Annonces, affiches, réclames, descriptions, éloge de la troupe étrangère qui franchit les Pyrénées exprès pour amuser le peuple, rien n'est omis. Que d'émotions ! que de plaisir ! Comme s'il pouvait y avoir une émotion permise, un plaisir permis à voir tuer six taureaux, seize chevaux râler sous leurs pieds, et au milieu de cette boucherie, un toréador, la première épée de l'Espagne, exposant sa vie parmi ces animaux qui vont expirer au milieu d'une mer de sang : voilà le glorieux spectacle promis à une grande cité !

Ce n'est pas tout. La presse, amie des combats de taureaux, a ses casuistes. On s'est demandé, de journal à journal, si, dans le cas où il y aurait mort d'homme, il était permis de quitter le spectacle. Les uns ont posé la question, plusieurs se sont tus, un journal a eu le lamentable courage d'imprimer une consultation pour persuader à la foule de rester immobile en face de l'homicide.

En vérité, à quelles mœurs, à quel siècle sommes-nous revenus? Quand Britannicus fut empoisonné par Néron, une partie des convives prirent la fuite, les autres se turent et consultèrent le visage du maître pour composer le leur, et, après un moment de silence, la joie du festin reprit son cours. Voilà l'impassibilité que conseillaient nos casuistes devant le spectacle du sang répandu. Ils fortifiaient les cœurs contre la pitié, et cette pitié leur semblait une honte !

La veille du grand jour, la curiosité s'enflamme encore. On reçoit, on promène en triomphe ces taureaux dont le sang va couler dans nos arènes, ces chevaux que monteront les matadors, cet étranger qui vient s'offrir aux bravos ou aux huées de la foule, selon qu'il l'intéressera par ses brillants coups d'épée ou qu'il lui causera quelque déception par ses maladresses. Les journaux prodiguent les épithètes les plus flatteuses à la troupe qui parcourt les rues et les places. Tout sera grandiose, splendide, sublime. La langue n'a pas de termes assez pompeux pour élever à la hauteur d'une grande institution un spectacle digne de la barbarie païenne.

Et c'est pour en jouir que les villes voisines ont envoyé leurs concitoyens et que vingt mille curieux ont couronné les crêtes de nos arènes. Les magistrats ont présidé à ces jeux publics; 80 000 francs de recettes en ont été le prix; ce prix a été payé d'avance, et quand on veut se rendre compte de cette journée si impatiemment attendue, il faut bien se dire qu'on a versé l'or à pleines mains pour acheter... quoi? le droit de voir tuer des bêtes par un homme qui a échappé, non sans peine, au danger de périr avec elles.

Oui, six taureaux ont été tués, et le programme est rempli. Ils ont reçu au travers des flancs les trois coups d'épée que la coutume exige, ils ont rugi et écumé de rage, ils se sont précipités sur les chevaux, ils les ont broyés sous leurs pieds, ils ont renversé et blessé le cavalier qui les attaquait, ils ont offert des plaies béantes, ils ont exhalé devant vingt mille spectateurs leurs dernières fureurs et leurs derniers gémissements, ils ont satisfait, en mourant, à toutes les conditions d'une grande course espagnole. Que les amateurs s'en réjouissent; nous fermons de loin les yeux sur ce tableau, tant il est horrible. Pour eux, ils s'en repaissent encore après l'avoir vu, leur joie déborde, leurs yeux s'enivrent, leur cœur s'exalte. Depuis les combats de 1863 on n'avait rien vu de semblable dans les arènes de Nîmes.

Le sort du cheval n'a guère été plus heureux que celui du taureau. Nous aimons ce noble animal, un des meilleurs amis de l'homme. On l'exerce à la course, mais la course est pour lui sans péril, et il en partage la gloire avec le cavalier qui le guide. On le mène à la bataille, mais le sang qu'il verse est utile à la patrie, et les blessures qu'il y reçoit sont couvertes par les lauriers de la victoire. Ici, rien de noble, rien de grand, rien d'utile. Vous ne reconnaissez plus ce cheval agile et bondissant comme la sauterelle, dont le pied creuse la terre, et qui s'élance avec ivresse au-devant des bataillons armés. Quand la trompette sonne, il ne dit plus *Allons!* et bien loin d'aspirer avec transport l'odeur de la guerre, il sent qu'on le mène non au combat, mais à la boucherie. Va, pauvre victime, dans ces arènes déshonorées par un plaisir qui est une honte. Donne-toi en spectacle à ces curieux qui ont payé pour te voir tomber sous les cornes d'un taureau. C'est un coup de corne et non un coup d'épée qui te jettera par terre, et ces mains qui t'applaudissaient il y a deux mois quand tu remportais le prix de la course dans l'hippodrome, vont se lever, battre et applaudir encore quand tu râleras, sans pouvoir te défendre, sous les pieds d'un taureau furieux.

Hier, l'homme était ton ami ; aujourd'hui, il te livre comme une indigne proie. Hier, on vantait tes triomphes ; aujourd'hui, on célèbre ta défaite et ta mort. Cinq chevaux sont tombés le 9 août dans ce combat sans dignité, sans honneur et sans gloire.

Il n'y manquait plus que le sang de l'homme, et ce sang a été répandu. Le chef du quadrille a été emporté hors de l'arène presque dès le commencement de la lutte, et la course s'est poursuivie au milieu des inquiétudes qu'inspirait sa blessure. Il faut regarder maintenant le champ de bataille : ces six taureaux immolés pour le plaisir des yeux et dont toute la fureur n'a servi qu'à rendre la mort plus horrible ; à côté des cinq chevaux tués sur place, ces onze blessés dont la mort ne se fera guère attendre ; cette foule, enfin, partagée entre les sentiments les plus divers, qui a fait entendre tantôt des applaudissements, tantôt des huées et des sifflets. Des mères de famille ont quitté le spectacle pour en dérober à leurs enfants la révoltante et tragique horreur. L'opinion se partage : les uns se déclarent satisfaits, d'autres semblent déçus, et si nous en croyons la renommée, il se forme un parti raisonnable et sage qui se demande enfin s'il n'est pas temps d'abolir les combats de taureaux.

Ah ! qu'attendez-vous pour vous rendre aux

vives instances de l'Église, aux réclamations de l'humanité, à la voix de votre intérêt bien entendu ?

L'Église, qui a horreur du sang, a condamné ces spectacles dès qu'il lui fut permis d'élever la voix au milieu des nations. Témoin le Concile de Carthage excommuniant ceux qui, les jours de solennités, désertaient l'assemblée des chrétiens pour assister aux jeux publics. Témoin les Tertullien, les Salvien, les Chrysostome, les Augustin, mêlant aux plus beaux mouvements de leur éloquence les larmes de leur charité pour conjurer Antioche, Rome, Carthage, Marseille, de renoncer aux plaisirs dangereux des cirques et des amphithéâtres. Témoin saint Pie V, s'adressant à tous les peuples de la terre, par une bulle datée du 1er novembre 1567, dans laquelle il déclare que les combats de taureaux ne sont pas l'œuvre des hommes, mais l'invention du démon ; qu'ils sont opposés à la piété chrétienne, à la charité évangélique, au salut des âmes, et que ceux qui les fréquentent méritent les censures de l'Église. L'Espagne a réclamé contre cette sévérité, mais trois siècles d'expérience l'ont rendue plus sage, et quand notre immortel prédécesseur a élevé la voix contre cette abominable coutume, les évêques d'Espagne ont été les premiers à le féliciter et à l'applaudir.

Vous vous piquez de marcher avec votre siècle

et d'en partager les généreux sentiments et les grandes pensées. Eh bien! ce siècle a fait aux animaux une large part dans ses préoccupations et dans ses lois. Les lois françaises protègent les animaux domestiques contre les brutalités de l'homme, et c'est cependant sur la terre de France qu'on les aiguillonne et qu'on les tourmente, qu'on les blesse et qu'on les tue à plaisir, sans motif, sans excuse, à la requête de quelques amateurs sans entrailles, qui excitent, avec des journaux sans conscience, la curiosité d'une foule sans raison et sans réflexion. On réclame des exceptions pour le coin de terre que nous habitons, comme si, pour habiter la Provence ou le Languedoc, nous n'appartenions pas à l'humanité. On allègue l'usage, comme si l'usage pouvait prévaloir contre le devoir, la vertu et la loi. On dit que les méridionaux ne sauraient se passer de ces spectacles, et à côté de Nîmes, où ils viennent s'étaler, Uzès, Alais et Le Vigan, les trois villes principales de notre diocèse, n'en ont ni le goût ni la tradition. D'où vient qu'à trois lieues de distance ils sont si nécessaires aux uns et si indifférents aux autres? N'est-ce pas le même sang qui coule dans les veines du même peuple? L'usage qui tyrannise une ville épargne la ville voisine. Il n'est donc pas si difficile de le déraciner et de l'abolir. O mœurs cruelles! Pourquoi les entretenir et les conserver, quand elles deviennent l'étonnement et le scandale de la raison humaine?

On ne les connaît ni à Toulouse, ni à Lyon, ni à Bordeaux, ni à Paris. On a repoussé l'an dernier, avec une invincible horreur, la proposition d'établir à Paris ces jeux abominables. Les législateurs les ont condamnés, et c'est je ne sais sur quelles réclamations qu'on laisse à vos magistrats le soin d'autoriser ou de défendre ce que rien n'autorise, ce qui devrait être partout défendu, interdit, condamné, maudit à jamais. Est-ce la politique que l'on consulte? Nous l'ignorons; mais ce que l'humanité commande, nous le savons, nous le sentons, nous le réclamons avec toute l'énergie de la raison, toutes les larmes du sentiment, toutes les susceptibilités de l'honneur national.

Nous nous ferons aussi l'organe de votre intérêt bien entendu. Quand vous êtes menacés par la maladie contagieuse qui décime l'Espagne et qui recommence à Marseille ses ravages mystérieux, est-il prudent, est-il raisonnable, de vous assembler sous un ciel de feu, de braver une chaleur torride, et d'allumer dans vos veines la fièvre des grandes émotions excitées par le sang répandu? C'est par une vie calme et tranquille que vous éviterez la peste, et vous voulez l'attirer en vous entassant les uns sur les autres dans l'enceinte étroite d'une course de taureaux. La santé publique n'est pas seule en péril, mais la prévoyance, l'économie domestique, les soins que vous devez prendre de votre famille. C'est à la porte de nos arènes que l'ouvrier va porter son épargne ; le domestique, ses gages ; l'écolier, ses menus plaisirs ; le pauvre et le mendiant, le pain qu'ils tiennent de la charité publique. Quel sera leur lendemain, après la joie courte et mauvaise qu'ils auront eue ? Êtes-vous plus excusables, vous qui vivez dans l'aisance et dans les richesses ? Demain nous viendrons solliciter vos aumônes pour notre saint-père le pape, pour nos écoles libres, pour nos missions, pour notre grand séminaire. Quelle sera votre aumône ? Peut-être vous déroberez-vous à l'ennui de la refuser et à l'obligation de la faire ; peut-être vous faudra-t-il la diminuer, quand tout vous oblige à la rendre plus abondante ; car le Denier de saint Pierre est devenu plus nécessaire que jamais, nous sommes obligés de multiplier nos écoles libres sous le coup des persécutions, les missions de l'extrême Orient voient couler le sang des martyrs et il faut venir au secours de ces chrétientés désolées, enfin, notre grand séminaire n'a plus d'autres ressources que votre charité, et l'avenir de notre sacerdoce est entre vos mains. Est-ce le temps, est-ce le cas de les ouvrir pour payer le luxe, le plaisir, la cruauté des spectacles païens ?

J'entends des publicistes vous excuser en disant qu'il vous faut des plaisirs et que le dimanche vous pèse. Ah! donnez-vous-les donc ces plaisirs qui reposent et qui délassent, et personne ne les bénira d'un meilleur cœur que le cœur de votre évêque. Ces plaisirs purs et chrétiens, mais qui donc les connaît mieux que vous? Qui a moins besoin que vous des jeux publics, des arènes, et de l'amphithéâtre? Lorsque nous montrons aux étrangers ces villas, ces maisonnettes, ces abris de verdure et de fleurs, ou plutôt, pour parler la langue du pays, ces *mazets* presque sans nombre, qui peuplent vos coteaux, « voilà, leur disons-nous, l'asile sacré que nos catholiques de Nîmes fréquentent le dimanche. Ce toit enfumé ne couvre qu'une chambrette où se prépare un humble et frugal repas. Mais au-devant s'étend une pelouse peuplée d'amandiers où l'on compte autant de fruits que de fleurs, d'oliviers qui gardent jusqu'à la fin de l'automne leur douce récolte. Là viennent, dans la soirée, respirer et se reposer nos bonnes familles chrétiennes. La mère vaque aux soins du ménage, le père compte les fruits de son petit domaine, les enfants s'exercent à la course ou au jeu de boules sous le regard de leurs parents. Vous les rencontreriez, après les vêpres, portant au bras le repas du soir et prenant le chemin de leur chère maisonnette. Vous les verriez rentrer dans la ville, après le coucher du soleil, d'un air serein, d'un pas joyeux, montrant dans leur démarche et dans leur regard l'assurance modeste d'une conscience tranquille, et le travail de la semaine recommencera le lundi sans peser à cet humble ménage, parce qu'il a joui de la prière et de la liberté du dimanche, parce qu'il a goûté le repos de son mazet entre l'olivier et le figuier qui en ombragent les murs. » Peuple heureux ! me répond l'étranger ; puisse-t-il jouir longtemps de son bonheur ! Heureuse ville, si elle garde toujours ces mœurs simples, ces habitudes chrétiennes, si elle ne connaît jamais que le chemin de l'église, de l'atelier, de l'école et de la maison des champs !

Je finis sur ces vœux si honorables pour vous, si consolants pour moi, et je prie Dieu de nous épargner à tout jamais le spectacle d'un combat de taureaux. Que celui du 9 août 1885 soit le dernier qui afflige la ville de Nîmes ! Que cette instruction pastorale, qui a tant coûté à notre cœur et à notre plume, soit le dernier reproche de vos évêques sur ce lamentable sujet ! Et qu'il nous soit donné de nous louer pour avoir forcé, par votre sagesse, par votre répugnance, par votre dégoût, les entrepreneurs de ces jeux cruels à chercher ailleurs des applaudissements et des amateurs !

A ces causes, le saint nom de Dieu invoqué, nous avons arrêté et arrêtons les dispositions suivantes :

I. — Nous défendons à tous nos diocésains d'assister aux *combats* de taureaux, déclarant, conformément à la bulle de saint Pie V, qu'ils commettraient une faute grave s'ils enfreignaient notre défense.

II. — Nous blâmons sans détour les *courses* qui sont en usage dans quelques paroisses; elles ont leur danger et pour les animaux et pour les hommes; elles excitent une curiosité malsaine; elles perpétuent de mauvaises habitudes, et si nous n'allons pas jusqu'à les interdire en les qualifiant de péché, nous faisons des vœux ardents pour qu'elles disparaissent de nos mœurs. L'autorité civile, qui l'a si souvent essayé, rendrait un vrai service au département du Gard le jour où elle aurait la force de les abolir et surtout le courage de persévérer dans ses arrêtés.

III. — Nous faisons aux journaux catholiques de notre diocèse la défense formelle de prêter aux combats de taureaux leur publicité et leurs réclames. S'ils doivent élever la voix, c'est pour les condamner hautement. Qu'on ne s'excuse point en disant que ce sont des annonces payées, ce ne serait pas là une excuse, mais l'aggravation d'une faute. L'Église ne se sent ni honorée ni soutenue dans des feuilles publiques où l'on intercale, entre le récit d'un pèlerinage et l'annonce d'une messe en musique, l'éloge d'un théâtre qu'elle condamne ou d'un combat qu'elle abhorre[1].

1. V. note 8.

« LES PETITS BOLLANDISTES »

DE

MGR GUÉRIN

SUR

la bienveillance de SS. Gamelbert, Aventin de Troyes, Guillaume Firmat, Gérasime, Cuthbert, Marien, Fructueux, Marculphe, Isidore de Madrid, Godric, Aventin de Gascogne et Colomban, et des BB. André de Segni, Jourdain de Saxe et Martin de Porrès pour des animaux sauvages.

LES PETITS BOLLANDISTES... VIE DES SAINTS... **Par Mgr Paul** GUÉRIN... SEPTIÈME ÉDITION, REVUE, CORRIGÉE ET CONSIDÉRABLEMENT AUGMENTÉE... TOME DEUXIÈME... PARIS... BLOUD ET BARRAL, LIBRAIRES-ÉDITEURS... 1882.

***

SAINT GAMELBERT, CURÉ EN BAVIÈRE **(vers l'an 800)**

***

Telle était sa bonté d'âme qu'il rachetait les petits oiseaux pour leur rendre la liberté lorsqu'il en trouvait entre les mains des paysans. Il ne permettait pas non plus à ses propres domestiques d'aller travailler aux champs ou aux bois lorsque le temps menaçait d'être mauvais. Il affectionnait par-dessus tout la tranquillité et la concorde, rétablissant la paix entre ses paroissiens autant qu'il le pouvait.

***

LE BIENHEUREUX ANDRÉ DE SÉGNI (1302)

***

Il avait une âme très compatissante, et sa sensibilité universelle s'étendait jusqu'aux animaux. Un jour qu'il était malade, on lui apporta, pour réveiller son estomac affadi, quelques petits oiseaux tués à la chasse. Le Saint eut pitié de ces pauvres animaux étendus sans vie et tout sanglants devant ses yeux. Il fit sur eux le signe de la croix, en priant Dieu de les ressusciter. Dès qu'il eut fini son oraison, les oiseaux commencèrent à s'agiter, battirent des ailes et s'envolèrent.

***

SAINT AVENTIN DE TROYES, ERMITE (538)

***

... Un jour qu'il vit venir à lui un ours qui hurlait de douleur, à cause d'une grosse épine qu'il s'était enfoncée dans la patte, il le délivra de son mal, et la bête reconnaissante se roulait à ses pieds en le caressant. Une biche poursuivie par des chiens de chasse se réfugia près de lui épuisée de fatigue et il la sauva...

Telle était son innocence, que les oiseaux venaient se poser sur sa main pour y becqueter les miettes de pain qu'il leur tendait par la fenêtre de sa cabane, et qu'après avoir mangé le pain, ils revenaient chanter autour de lui comme pour le remercier. Un serpent se réfugia dans son foyer, et, après avoir fait ses petits, il se retira sans être maltraité par Aventin. Un moine qui était venu se joindre à lui, prenait parfois des petits poissons qu'il voulait servir au Saint comme un petit adoucissement à ses privations ordinaires; Aventin ne manquait pas de reporter à la rivière tous ceux qui étaient encore en vie...

***

On place souvent près de lui des ours et des oiseaux... On peut encore le représenter lisant dans sa cellule; près de lui, un cerf couché.

***

LE BIENHEUREUX JOURDAIN DE SAXE, DOMINICAIN

***

Parmi les héros célestes qui illustrèrent la famille naissante de saint Dominique, il ne faut pas oublier le bienheureux Jourdain. La Saxe regarde comme une gloire d'être sa patrie...

***

Les hommes n'étaient pas seuls à se laisser prendre aux charmes que Dieu donnait à la parole de son serviteur. Un jour que les frères le devançaient dans un voyage, au sortir de Lausanne, une belette vint à passer devant eux; les frères s'étant arrêtés autour du trou où elle avait disparu, le Bienheureux, qui survint, leur dit : « Pourquoi vous arrêtez-vous ici ? — C'est, dirent-ils, qu'une jolie, une charmante petite bête est entrée dans ce trou. » Alors, se penchant vers la terre, il s'écria : « Sors, belle petite bête, afin que nous puissions te voir. » Celle-ci, sortant aussitôt sur le bord de son trou, leva ses petits yeux pour contempler le saint homme, qui la fit monter sur une de ses mains, et, avec l'autre, la caressa sur la tête et sur le dos ; elle le laissa faire. Alors il lui dit : « Maintenant, retourne dans ta petite maison, et que béni soit Dieu ton Créateur ! » Elle obéit à l'instant et disparut.

LES PETITS BOLLANDISTES... VIES DES SAINTS... Par Mgr Paul GUÉRIN... SEPTIÈME ÉDITION,... TOME TROISIÈME... PARIS... BLOUD ET BARRAL,... 1882.

***

SAINT GUILLAUME FIRMAT

***

... On raconte que les oiseaux, même les plus sauvages, s'approchaient de lui sans crainte, venaient manger dans sa main ou se réfugier sous ses vêtements pour se mettre à l'abri du froid. Quand il s'asseyait sur le bord de l'étang voisin de sa cellule, les poissons arrivaient à ses pieds et se laissaient prendre volontiers par le serviteur de Dieu qui les remettait à l'eau sans leur avoir fait aucun mal.

Un jour son clerc accourt, tout en émoi, et lui annonce qu'un sanglier fait de grands ravages dans le jardin et détruit presque tous les légumes. Guillaume se rend alors vers ce terrible animal, lui prend doucement l'oreille, et le sanglier, doux comme un agneau, se laisse conduire, suit le Saint dans sa cellule, y passe la nuit et ne recouvre la liberté que le lendemain de très bonne heure, mais après un charitable avertissement de ne pas ravager désormais le jardin de son clerc.

***

Son corps fut enseveli dans l'église de Saint-Evroul qui a pris depuis le nom de Saint-Guillaume. Sa tombe fut illustrée par de nombreux miracles, et il s'y fit un grand concours de pèlerins. Il est le patron de Mortain.

***

... Il ne faut pas oublier, comme attribut de saint Guillaume, le sanglier qu'il obligea à jeûner toute une nuit dans sa cellule.

***

SAINT GÉRASIME [1],...

***

Sa laure était à un quart de lieue du Jourdain, du côté de Jéricho. Elle subsistait encore cent ans après sa mort. Jean Mosch, historien de saint Gérasime, qui la visita, y entendit raconter le fait suivant : Le Saint étant un jour sur la rive du Jourdain, vit venir à lui un lion qui ne marchait que sur trois pieds ; il tenait en l'air le quatrième, dans lequel s'était enfoncée une épine. Il se présenta à Gérasime en rugissant de la douleur qu'il souffrait. Le Saint, touché de compassion, retira

1. V. note 9.

l'épine, banda la plaie qu'elle avait causée et renvoya le roi du désert. Mais Dieu voulut faire voir, dans cette occasion, que les justes qui le servent fidèlement, peuvent s'assujétir les bêtes les plus féroces, comme elles étaient soumises à Adam avant son péché; car le lion, comme s'il eût été doué de la raison, ne le quitta plus et le servit dans son monastère plus que n'aurait pu faire un animal domestique, sans causer la moindre frayeur ni le moindre dommage à personne.

Il demeura ainsi cinq ans au service du monastère, au bout desquels le Saint étant mort, il refusa toute nourriture et alla expirer sur son tombeau.

On croit que cette histoire a donné occasion aux peintres de représenter saint Jérôme avec un lion près de lui; on l'aurait ainsi confondu avec saint Gérasime à cause de la ressemblance du nom que l'on trouve quelquefois écrit *Gérôme*, par une mauvaise orthographe.

***

SAINT CUTHBERT, ÉVÊQUE DE LINDISFARNE

***

2° Mais, d'après le P. Cahier, le principal attribut du Saint serait le cygne; celui-ci ayant été choisi pour indiquer les hommes qui se sont montrés particulièrement amoureux de la vie solitaire, à cause du silence que garde ordinairement cet oiseau.

Toutefois, nous sommes porté à croire qu'il s'agit ici de l'*oie à duvet*, nommée oiseau de saint Cuthbert, et non du cygne. Qu'on en juge d'après ce que dit M. de Montalembert : « ... Ils pullulaient autrefois sur ce rocher et s'y trouvent encore, bien que le nombre en ait fort diminué, depuis que les curieux sont venus voler leurs nids et les détruire à coups de fusil. Ces volatiles n'existaient nulle part ailleurs dans les Iles Britanniques, et portaient le nom d'oiseaux de saint Cuthbert. C'était lui, selon le récit d'un moine du XIIIe siècle, qui leur avait inspiré une confiance héréditaire, en les prenant pour compagnons de sa solitude et en leur garantissant que nul ne les troublerait jamais dans leurs habitudes. »

LES PETITS BOLLANDISTES... VIES DES SAINTS... Par Mgr Paul GUÉRIN... SEPTIÈME ÉDITION,... TOME QUATRIÈME... PARIS... BLOUD ET BARRAL,... 1882.

***

SAINT MAMERTIN, RELIGIEUX A AUXERRE (462)

***

On associe volontiers au souvenir de saint Mamertin celui de saint Marien ou Marcien, son disciple. Marien avait quitté le pays des Bituriges, alors occupé par les Goths Ariens, dont la domination était cruelle aux catholiques. Accueilli au monastère d'Auxerre par Mamertin, il remplit, dans les étables et les fermes des religieux, les humbles fonctions de berger et de bouvier au milieu desquelles il se sanctifia. Sa légende est remplie de gracieuses merveilles. C'est ainsi qu'il appelait à lui les petits oiseaux des champs et leur donnait à manger, qu'il congédiait avec autorité les ours et autres animaux ennemis des hommes et des troupeaux[1].

***

SAINT FRUCTUEUX, ARCHEVÊQUE DE BRAGA

***

... Un jour qu'il traversait une forêt, un chevreuil, poursuivi par des chasseurs, vint se réfugier sous son manteau. Le Saint prit l'animal sous sa protection et le conduisit au monastère. L'animal, reconnaissant, ne quittait plus son libérateur; il le suivait pendant le jour, dormait la nuit à ses pieds, et ne cessait de bêler quand il s'absentait. Il fit plus d'une fois reconduire la bête dans les bois, mais toujours elle savait retrouver la trace des pas de son libérateur. Un jour enfin elle fut tuée par un jeune homme qui n'aimait pas les moines. Fructueux était allé faire un voyage de quelques jours; au retour, il s'étonna de ne pas voir son chevreuil accourir au-devant de lui, et quand il apprit sa mort, la douleur le saisit, ses genoux fléchirent, il se prosterna sur le pavé de l'église. On ne dit pas si ce fut pour demander à Dieu de punir le cruel; mais celui-ci tomba bientôt

1. V. note 10.

malade et fit demander à l'abbé de venir à son aide : Fructueux se vengea en noble visigoth et en chrétien : il alla guérir le meurtrier de son chevreuil et lui rendit la santé de l'âme avec celle du corps...

On raconte encore que, voulant se dérober aux hommages du peuple, il se réfugia au fond des bois; mais des geais qu'il avait élevés dans son monastère allèrent à sa recherche et trahirent sa retraite par le joyeux babil dont ils le saluèrent.

***

On donne pour attributs à saint Fructeux une biche et des geais.

LES PETITS BOLLANDISTES... VIES DES SAINTS... **Par Mgr Paul** GUÉRIN... SEPTIÈME ÉDITION,... TOME CINQUIÈME... PARIS... BLOUD ET BARRAL,... 1882.

***

SAINT MARCULPHE, PREMIER ABBÉ DE NANTEUIL, AU DIOCÈSE DE COUTANCES.

**

... Faisant un second voyage à la cour, pour obtenir la confirmation des donations faites à ses monastères, il se reposa sur le bord de l'Oise : un lièvre, pressé des chiens, se réfugia sous son habit; mais les chasseurs ayant obligé le Saint de le lâcher [1], ce pauvre animal se sauva, tandis que les chiens et les chevaux demeurèrent immobiles...

1. V. note 11.

***

C'est à ce Saint que nos rois très chrétiens se reconnaissaient redevables du pouvoir qu'ils avaient de guérir les écrouelles...

***

SAINT ISIDORE, LABOUREUR, PATRON DE LA VILLE DE MADRID ET DES LABOUREURS.

***

La bonté de cœur d'Isidore s'étendait jusque sur les animaux. Un jour d'hiver que la terre était couverte de neige, étant parti de chez lui, avec un sac de blé sur le dos, pour le porter au moulin, il vint à un endroit où de nombreuses familles d'oiseaux étaient perchées sur les arbres, exposées aux tourments du froid et de la faim. A cette vue, ému de pitié, il déblaye la neige avec ses mains et ses pieds, dépose son sac à terre, l'ouvre et répand une bonne partie des grains, que les pauvres petits affamés vinrent aussitôt becqueter. Son compagnon, moins compatissant, se moqua de lui, de ce qu'il prodiguait ainsi son blé; mais Dieu fit voir que cette action charitable lui avait plu. Arrivé au moulin, Isidore vit son sac plein, comme si personne n'y avait touché, et sous la meule on trouva une quantité de farine égale au rendement ordinaire de deux sacs de blé. Qu'il y a loin de cette conduite de saint Isidore à celle de beaucoup de campagnards qui traitent avec dureté, quelquefois avec une barbarie révoltante, non seulement les petits oiseaux, si utiles à leurs champs, mais les animaux qui sont les compagnons dociles et indispensables de leurs travaux !

LES PETITS BOLLANDISTES... VIES DES SAINTS... Par Mgr Paul GUÉRIN... SEPTIÈME ÉDITION,... TOME SIXIÈME... PARIS... BLOUD ET BARRAL,... 1882.

***

SAINT GORRY OU GODRIC, COLPORTEUR ET ERMITE EN ANGLETERRE.

***

...Un jour il y avait grande chasse aux environs de l'ermitage de Godric. Alors il arriva qu'un cerf magnifique fut poursuivi par des parents de l'évêque Ramulfe ; le pauvre animal se présenta, haletant, devant la cellule de Godric, en ayant l'air d'y chercher un refuge. Godric, en sortant de sa retraite, l'aperçut, tout tremblant de frayeur et semblant implorer son secours. Godric, en effet, le prit avec lui dans sa cellule, et le noble animal se coucha à ses pieds. Mais bientôt arrivèrent les chasseurs, réclamant leur proie. Godric alla au-devant d'eux. Ils lui demandèrent où était le cerf. Il répondit : *Dieu le sait.* Les chasseurs, reconnaissant sous les haillons d'un pauvre ermite un ange et un saint, s'en retournèrent avec leurs chiens, sans inquiéter davantage ni Godric, ni le cerf qui, pour se remettre de ses frayeurs, passa la nuit chez l'ermite ; le lendemain matin, il reprit joyeusement sa course dans les bois, et plusieurs fois chaque année il revint exprimer au bon Godric sa reconnaissance par ses caresses. Godric était devenu comme le protecteur naturel des bêtes de la forêt poursuivies par les chasseurs : les lièvres, les chevreuils, etc., en cas de danger, cherchaient auprès de lui un refuge assuré. Pendant les froids de l'hiver, les oiseaux venaient se réchauffer dans son sein : l'on eût dit qu'ils voyaient en lui un fils de leur Créateur miséricordieux !

***

Le *pèlerin-ermite*, saint Godric, est souvent peint entouré de serpents, parce que les animaux dangereux l'approchaient sans lui faire de mal.

***

SAINT AVENTIN, APOTRE DE LA GASCOGNE ET MARTYR.

***

Un jour, selon sa coutume, Aventin avait quitté sa cellule et s'était rendu dans un bosquet qui domine le val d'Asto, pour prier à loisir sous son mystérieux ombrage. A genoux, les yeux au ciel, le cœur ardent, il bénissait le Dieu que son cœur adorait. Le silence le plus profond favorisait son recueillement, et son âme ravie semblait avoir trouvé la sérénité des cieux. Tout à coup, ce silence est interrompu par le rugissement plaintif d'un ours, qui descend péniblement du sommet des montagnes. Aventin l'aperçoit, mais il n'en est point effrayé ; il sait que celui qui veilla sur Daniel dans la fosse aux lions, veille aussi sur lui. Ce ne sont pas les animaux des forêts qui doivent se désaltérer dans son sang : ce sang est réservé pour assouvir la rage des persécuteurs plus farouches qu'eux.

Comme conduit par une main invisible, ou par l'instinct qui lui révèle la bienveillance, l'animal blessé va directement vers le pieux solitaire, il s'approche avec la douceur d'un agneau docile, et levant sa lourde patte où s'était fixée une longue épine, la pose avec confiance entre les mains d'Aventin, comme pour réclamer son secours. Le serviteur de Dieu sonde avec bonté la blessure, arrache la cruelle épine, et l'ours reconnaissant s'éloigne après l'avoir comblé de ses caresses.

***

Ce fait, que nous empruntons à la chronique, ne manque pas d'avoir une certaine autorité. Il existe encore dans la paroisse d'Oò, et non loin de l'ermitage de Saint-Aventin, une autre ruine, reste précieux d'un petit oratoire que la piété des fidèles avait élevé, pour conserver la mémoire de ce fait remarquable. La tradition la plus constante nous apprend que c'est là que le Saint eut la rencontre de l'ours. Une sculpture de la boiserie du retable de l'église de Saint-Aventin rappelle cette circonstance de la vie du Saint ; l'ancienne boiserie portait une sculpture semblable. On y voyait l'ours dressé devant l'ermite qui, avec un instrument aigu, arrachait l'épine de sa patte.

LES PETITS BOLLANDISTES... VIES DES SAINTS... Par Mgr Paul GUÉRIN... SEPTIÈME ÉDITION,... TOME TREIZIÈME... PARIS... BLOUD ET BARRAL,... 1882.

***

LE BIENHEUREUX MARTIN DE PORRÈS, RELIGIEUX DU TIERS ORDRE DE SAINT-DOMINIQUE.

***

Il souffrait beaucoup de voir les enfants trouvés et les orphelins en bas âge exposés à tous les malheurs ; pour obvier à cette infortune, il fit bâtir à Lima un célèbre collège où ils pussent être formés à la piété et à une vie honnête. Sa bonté était si grande qu'elle n'exceptait pas même les animaux et qu'il leur donna souvent les soins et les secours de son art. Dieu se plut à honorer par des faveurs célestes l'excellente charité de son serviteur...

Presque toute l'Amérique espagnole l'appelle le *Saint aux rats* ; car on dit que son image, déposée dans les lieux qu'infestent les souris et les rats, fait disparaître promptement ces animaux. Dans son couvent du Pérou, comme le sacristain se plaignait de voir ses étoffes rongées par les rats, et se proposait de détruire par le poison des hôtes si désagréables, le frère Martin le dissuada de cette cruauté. Il appela donc toutes ces petites créatures, déposant à terre un panier qu'il avait à la main; et quand toutes eurent grimpé dans sa corbeille, il les porta au jardin, leur promettant de prendre soin d'elles chaque jour, si elles cessaient de dévaster les provisions du monastère. C'est pourquoi on le représente une corbeille à la main, et entouré de rats, soit parce qu'il leur distribue à manger, soit parce qu'il se dispose à les transporter hors de la sacristie pour les réunir dans le jardin où il se chargera de les approvisionner avec les restes qui se perdent par la maison.

Le bienheureux Martin de Porrès est patron des mulâtres; on l'invoque contre les rats.

***

S. COLOMBAN, FONDATEUR ET ABBÉ DE LUXEUIL

***

Le rival de saint Benoît, saint Colomban, naquit en l'année même où mourut le patriarche du Mont-Cassin...

***

... Souvent il se séparait de ses disciples pour s'enfoncer tout seul dans les bois, et pour y vivre en communauté avec les bêtes. Là, comme plus tard, dans sa longue et intime communion avec la nature âpre et sauvage de ces lieux déserts, rien ne l'effrayait, et lui ne faisait peur à personne. Tout obéissait à sa voix. Les oiseaux venaient recevoir ses caresses, et les écureuils descendaient du haut des sapins pour se cacher dans les plis de sa coule...

***

Saint Colomban est représenté : 1° bénissant des animaux sauvages...

MONTALEMBERT

SUR

les rapports qu'avaient avec les animaux sauvages SS. Calais, Gilles, Nennoke, Desle, Basle, Benoît, Maixent, Valery, Malo, Magloire et Colomb, et leurs associés comme fondateurs de la civilisation chrétienne.

LES MOINES D'OCCIDENT... PAR LE COMTE DE MONTALEMBERT L'UN DES QUARANTE DE L'ACADÉMIE FRANÇAISE... TOME DEUXIÈME... SEPTIÈME ÉDITION... PARIS... LIBRAIRIE VICTOR LECOFFRE... 1892.

***

Les Moines et les bêtes fauves.

***

Tandis que les chefs et les clients de l'aristocratie gallo-franque ne pénétraient que par intervalles, et pour le seul plaisir de la destruction, sous ces ombrages où s'écoulait la vie entière des moines, ceux-ci vivaient naturellement dans une sorte de familiarité avec la plupart des bêtes fauves qu'ils voyaient bondir autour d'eux, dont ils étudiaient à loisir les instincts et les mœurs, et qu'il leur était facile, avec le temps, d'apprivoiser. On eût dit que, par une sorte de pacte instinctif, ils se respectaient les uns les autres. Dans les innombrables légendes qui nous dépeignent la vie religieuse au sein des forêts, on ne voit aucun exemple d'un religieux qui a été dévoré ou même menacé par les animaux même les plus féroces ; on ne voit pas non plus qu'ils aient jamais songé à se livrer à la chasse, fussent-ils même poussés par la faim, dont ils ressentaient souvent les dernières extrémités. Comment donc s'étonner qu'en se voyant pourchassé et atteint par d'impitoyables étrangers, le gibier allât chercher refuge auprès de ces paisibles hôtes de la solitude qu'ils habitaient ensemble? et surtout comment ne pas comprendre que les populations chrétiennes, accoutumées pendant la suite des siècles à trouver près des moines aide et protection contre toutes les violences, aient aimé de bonne heure à se rappeler ces touchantes légendes qui consacraient, sous une forme poétique et populaire, la pensée que la demeure des saints est le refuge inviolable de la faiblesse contre la force?

L'un des premiers et des plus curieux exemples de ces relations entre les rois et les moines, où les bêtes des bois servent d'intermédiaire, est celui de Childebert et du saint abbé Karileff... Tout en cultivant ce coin de terre inconnu, il y vivait entouré de toutes sortes d'animaux, et, entre autres, d'un buffle sauvage, dont l'espèce était déjà rare dans cette contrée, et qu'il avait réussi à apprivoiser complètement. C'était un plaisir, dit la légende, de voir le vénérable vieillard debout à côté de ce monstre, occupé à le caresser en le frottant doucement entre les cornes ou le long de ses énormes fanons et des plis de chair de sa robuste encolure; après quoi, la bête reconnaissante, mais fidèle à son instinct, regagnait au galop les profondeurs de la forêt.

Childebert, le fils de Clovis, est, comme nous l'avons déjà dit, le grand héros des légendes monastiques... Arrivé dans le Maine, avec la reine Ultrogothe, pour s'y livrer à sa récréation ordinaire, il apprend avec bonheur qu'on a vu dans les environs un buffle, animal déjà presque inconnu en Gaule. Tout est disposé, dès le lendemain, pour que cette chasse extraordinaire réussisse à souhait... Le buffle éperdu court se réfugier auprès de la cellule de son ami, et quand les chasseurs approchent, ils voient l'homme de Dieu debout devant la bête comme pour la protéger...

* * *

... Aux bords de la Méditerranée, un Grec de naissance illustre, nommé Ægidius, était venu tout jeune encore, sur les pas de Lazare et de Madeleine, aborder près de l'embouchure du Rhône, et avait vieilli dans la solitude, caché au fond d'une vaste forêt, sans autre nourriture que le lait d'une biche qui venait coucher dans sa grotte. Mais un jour le roi du pays, qui se nommait, selon les uns, Childeberg, roi des Francs, selon les autres, Flavien, roi des Goths, étant à la chasse dans cette forêt, la biche fut lancée et poursuivie jusque dans la caverne par les veneurs; l'un d'eux tira sur elle une flèche qui alla traverser la main que le solitaire étendait pour protéger sa compagne...

***

Le même trait se rencontre dans la légende de sainte Nennok, la jeune et belle fille d'un roi breton, qui avait renoncé au mari que voulait lui imposer son père, pour émigrer en Armorique et s'y consacrer à la vie religieuse. Le prince du pays, étant à la poursuite d'un cerf dans le voisinage de son monastère, vit la bête, à demi morte de fatigue, se réfugier dans l'enceinte sacrée, et la meute s'arrêter court, sans oser passer outre. Descendu de cheval et étant entré dans l'église, il trouve le cerf couché aux pieds de la jeune abbesse, au milieu du chœur des religieuses qui chantaient l'office...

***

On verra plus loin comment le roi Clotaire II, devenu maître de la monarchie franque, étant venu chasser dans une des forêts domaniales de la Séquanie, y poursuivit un énorme sanglier jusque dans l'oratoire qu'habitait un vieux moine irlandais, Déicole, arrivé en Gaule avec saint Colomban, et, touché de voir cette bête féroce couchée devant le petit autel où priait le reclus étranger, fit donation à celui-ci de tout ce qui appartenait au fisc dans les environs de sa cellule. La donation faite et acceptée, l'homme de Dieu, qui avait garanti à ce sanglier la vie sauve, a soin de le faire lâcher et de protéger sa fuite au fond des bois.

Les grands leudes, aussi passionnément épris et aussi habituellement occupés de la chasse que les rois, subissaient comme eux l'ascendant des moines, quand ceux-ci se présentaient à eux pour protéger les hôtes de leur solitude. Basolus, né de noble race en Limousin, fondateur du monastère de Viergy, dans la montagne de Reims, s'était construit une cellule dans le plus épais de la forêt, à l'abri d'une croix de pierre, et il n'y avait pour tout mobilier qu'un petit lutrin admirablement sculpté pour poser les saintes Écritures qu'il méditait sans cesse. Un jour il y fut troublé dans son oraison par un sanglier colossal qui venait se prosterner à ses pieds, comme pour demander grâce de la vie. A la suite de la bête accourait à cheval un des plus puissants seigneurs des environs, nommé Attila, que le seul regard du solitaire arrêta court et rendit immobile. C'était au fond un bon homme, dit la légende, quoique grand chasseur; il le montra bien, en faisant don à l'abbé de tout ce qu'il possédait autour de sa cellule. Quatre siècles après, ce souvenir était resté si vivant que, par une convention scrupuleusement observée, le gibier pourchassé dans la forêt de Reims, qui pouvait gagner le petit bois dominé par la croix de Saint-Basle, était toujours épargné par les chiens comme par les chasseurs.

***

... Comme ses grands frères d'Orient, le patriarche des moines d'Occident a aussi son oiseau familier, mais qui vient lui demander sa nourriture au lieu de la lui apporter. Saint Grégoire le Grand, dans la biographie qu'il lui a consacrée, rapporte qu'étant encore dans son premier monastère de Subiaco, saint Benoît voyait, à chacun de ses repas, arriver de la forêt voisine un corbeau qu'il nourrissait de sa main.

Ces récits, pieusement transcrits par les plus grands génies que l'Église ait possédés, nous préparent à écouter sans surprise bien d'autres traits qui témoignent de la familiarité intime des moines avec les créatures.

Tantôt ce sont des passereaux indomptés, comme dit la légende, qui descendent du haut des arbres pour venir ramasser des grains de blé ou des miettes de pain, dans la main de cet abbé

Maixent devant lequel nous avons vu s'agenouiller Clovis, au retour de sa victoire sur Alaric ; et les peuples apprenaient ainsi combien grande étaient sa mansuétude et sa douceur. Tantôt ce sont d'autres petits oiseaux qui viennent chercher leur repas et laisser caresser leurs membres délicats par ce Walaric, qui va bientôt nous apparaître comme l'un des plus illustres disciples de saint Colomban, l'apôtre du Ponthieu et le fondateur du grand monastère de Leuconaüs. Charmé de cette gentille compagnie, quand ses disciples approchaient et que les alouettes voletaient tout effrayées autour de lui, il arrêtait de loin les moines et leur faisait signe de reculer : « Mes fils, leur disait-il, n'effrayons pas mes petites amies, ne leur faisons pas de mal ; laissons-les se rassasier de nos restes. » Ailleurs, c'est encore Karilef qui, en binant et en taillant la petite vigne dont il avait offert le pauvre produit au roi Childebert, étouffe de chaleur et de sueur, se dépouille de son froc et le suspend à un chêne ; puis à la fin de la rude journée, en allant reprendre son vêtement monastique, il y trouve un roitelet, le plus petit et le plus curieux des oiseaux de nos climats, qui y avait niché et y avait laissé un œuf. Le saint homme en fut si ravi de joie et d'admiration qu'il passa toute la nuit à en remercier Dieu. On raconte un trait absolument semblable de saint Malo, l'un des grands apôtres monastiques qui ont laissé leurs noms aux diocèses du nord de l'Armorique, mais avec cette différence que celui-ci permit à l'oiseau de nicher dans son manteau jusqu'à ce que la couvée fût éclose...

Naturellement, les bêtes devaient rechercher et préférer comme séjour les possessions de ces maîtres si doux et si paternels : de là l'amusante historiette du moine Magloire et du comte Loïescon. Ce comte armoricain, très riche, que saint Magloire avait guéri de la lèpre, lui fit don de la moitié d'un grand domaine baigné par la mer. Magloire s'étant présenté pour en prendre possession, tous les oiseaux qui remplissaient les bois du domaine, tous les poissons qui habitaient les côtes, se précipitèrent en masse vers la part qui revenait au moine, comme s'ils ne voulaient d'autre seigneur que lui. Lorsque le comte, et surtout sa femme, virent ainsi dépeuplée la moitié du domaine qui leur restait, ils s'en désolèrent et résolurent d'imposer à Magloire l'échange de cette moitié contre celle qu'il avait déjà reçue. Mais, l'échange fait, oiseaux et poissons aussitôt de suivre Magloire, allant et venant de manière à se trouver toujours dans la part des moines.

LES MOINES D'OCCIDENT... PAR LE COMTE DE MONTALEMBERT... TOME TROISIÈME... *SIXIÈME ÉDITION*... PARIS... LIBRAIRIE VICTOR LECOFFRE... 1893.

* * *

SAINT COLUMBA, APOTRE DE LA CALÉDONIE

(521-597)

* * *

Jamais cette mélancolie patriotique ne s'effaça de son cœur, et bien plus tard dans sa vie on la voit reparaître dans une circonstance où perce le regret obstiné de son Irlande perdue à côté de sa tendre et vigilante sollicitude pour toutes les créatures de Dieu. Un matin, il appelle un des religieux d'Iona, et lui dit : « Va t'asseoir au bord de la mer, sur la grève de notre île, à l'ouest ; et là, tu verras arriver du nord de l'Irlande une pauvre cigogne voyageuse, longtemps ballottée par les vents, et qui, tout épuisée de fatigue, viendra tomber à tes pieds sur la plage. Il faut la ramasser avec miséricorde, la soigner et la nourrir pendant trois jours ; après ces trois jours de repos, quand elle sera ranimée et qu'elle aura repris toutes ses forces, elle ne voudra pas prolonger son exil parmi nous ; elle revolera vers la douce Irlande, sa chère patrie, où elle est née. Je te la recommande ainsi, parce qu'elle vient du pays où je suis né moi-même. »

Tout arriva comme il l'avait prévu et ordonné.

Le soir du jour où le religieux avait recueilli la voyageuse, comme il rentrait au monastère, Columba ne lui fit aucune question, mais lui dit : « Que Dieu te bénisse, cher enfant, toi qui as eu soin de l'exilée ; tu la verras dans trois jours regagner sa patrie. » Et en effet, au terme prédit, elle s'éleva de terre devant son hôte ; puis, après avoir cherché un moment sa route dans les airs, elle dirigea son vol à travers la mer, droit sur l'Irlande. Les matelots des Hébrides connaissent tous et racontent encore cette histoire. Parmi nos lecteurs il n'y a personne, j'aime à le croire, qui n'eût voulu répéter ou mériter la bénédiction de Columba.

***

Puis, sortant du grenier pour retourner au monastère, et arrivé à moitié chemin, il dut s'asseoir pour se reposer à l'endroit que marque encore une des croix anciennes d'Iona. A ce moment il voit accourir un ancien et fidèle serviteur, le vieux cheval blanc qui était employé à porter de la bergerie au monastère le lait qui servait chaque jour à la nourriture des frères. Il venait poser sa tête sur l'épaule de son maître comme pour prendre congé de lui. Les yeux du vieux cheval avaient une expression si plaintive, qu'ils semblaient baignés de larmes. Diarmid voulut l'éloigner, mais le bon vieillard l'en empêcha : « Ce cheval m'aime, lui aussi, laisse-le près de moi; laisse-le pleurer mon départ. Le Créateur a révélé à cette pauvre bête ce qu'il t'avait caché à toi, homme raisonnable. » Sur quoi, tout en caressant l'animal, il lui donna une dernière bénédiction.

OZANAM

SUR

la compassion et l'affection de S. François d'Assise pour les animaux.

LES POÈTES FRANCISCAINS EN ITALIE AU TREIZIÈME SIÈCLE... PAR A.-F. OZANAM... SIXIÈME ÉDITION... PARIS... LIBRAIRIE VICTOR LECOFFRE... 1882.

***

SAINT FRANÇOIS

***

... Ses heures se passaient quelquefois à louer l'industrie des abeilles; et lui, qui manquait de tout, leur faisait donner en hiver du miel et du vin, afin qu'elles ne périssent pas de froid. Il proposait pour modèle à ses disciples la diligence des alouettes, l'innocence des tourterelles. Mais rien n'égalait sa tendresse pour les agneaux, qui lui rappelaient l'humilité du Sauveur et sa mansuétude. La légende rapporte que, voyageant en compagnie d'un Frère dans la marche d'Ancône, il rencontra un homme qui portait sur son épaule, suspendus à une corde, deux petits agneaux. Et comme le bienheureux François entendit leurs bêlements, ses entrailles furent émues; et, s'approchant, il dit à l'homme : « Pourquoi tourmentes-tu mes frères les agneaux en les portant ainsi liés et suspendus ? » L'autre répondit qu'étant pressé d'argent, il les portait au marché voisin pour les vendre aux bouchers, qui les tueraient. « A Dieu ne plaise ! s'écria le Saint ; mais prends plutôt le manteau que je porte, et fais-moi présent de ces agneaux. » L'autre, ne demandant pas mieux, les donna, et prit en retour le manteau, qui était d'un bien plus grand prix, et qu'un chrétien fidèle avait prêté au Saint le matin même, à cause du froid. Or, François tenait les agneaux dans ses bras, ne sachant qu'en faire ; et, après en avoir délibéré avec son compagnon, il les rendit à leur premier maître, lui faisant une obligation de ne jamais les vendre et de ne leur causer aucun mal, mais de les conserver, de les nourrir et d'en prendre grand soin. Tout est charmant dans ce récit, et l'on ne sait qu'y admirer le plus, ou de la tendre faiblesse du Saint pour les petits agneaux, ou de sa candide confiance en leur maître.

Si François, par son innocence et sa simplicité, était revenu pour ainsi dire à la condition d'Adam, lorsque ce premier père voyait toutes les créatures dans une lumière divine et les aimait d'une fraternelle charité ; les créatures, à leur tour, lui rendaient la même obéissance qu'au premier homme, et rentraient pour lui dans l'ordre détruit par le péché. C'est un trait remarqué chez plusieurs saints, que ces âmes régénérées avaient ressaisi l'ancien empire de l'homme sur la nature. Les Pères de la Thébaïde étaient servis par les corbeaux et les lions ; saint Gall commandait aux ours des Alpes ; quand saint Colomban traversait la forêt de Luxeuil, les oiseaux qu'il appelait venaient se jouer avec lui, et les écureuils descendaient des arbres pour se poser sur sa main. La vie de saint François est pleine de semblables faits attestés par témoins oculaires, et qu'il faut bien admettre, soit qu'on les explique par cette puissance de l'amour qui tôt ou tard commande et obtient l'amour ; soit plutôt qu'en présence des serviteurs de Dieu les animaux n'éprouvent plus cette horreur instinctive que notre corruption et notre dureté leur inspirent. Lorsque le pénitent d'Assise, tout abîmé de jeûnes et de veilles, quittait sa cellule et se montrait dans les campagnes de l'Ombrie, il semble que sur cette figure amaigrie, où il n'y avait presque plus rien de terrestre, les animaux ne voyaient plus que l'empreinte divine, et ils entouraient le Saint pour l'admirer et le servir. Les lièvres et les faisans se réfugiaient dans les plis de sa robe. S'il passait près d'un pâturage, et que, suivant sa coutume, il saluât les brebis du nom de sœurs, on dit qu'elles levaient la tête et couraient après lui, laissant les bergers stupéfaits. Lui-même, sevré depuis si longtemps des jouissances des hommes, prenait un doux plaisir à ces fêtes que lui faisaient les bêtes des champs. Un jour qu'il était monté au mont Alvernia pour y prier, un grand nombre d'oiseaux l'environnèrent avec des cris joyeux, et battant des ailes comme pour le féliciter de sa venue. Alors le Saint dit à son compagnon : « Je vois qu'il est de la volonté divine que nous séjournions ici quelque peu, tant nos frères les petits oiseaux semblent consolés de notre présence... » Comme il commençait le cours de ses prédications, il arriva qu'en traversant la vallée de Spolète, non loin de Bevagna, il passa par un lieu où il y avait une grande multitude d'oiseaux, et surtout de moineaux, de corneilles et de colombes. Ce qu'ayant vu le bienheureux serviteur de Dieu, à cause de l'amour qu'il portait même aux créatures dépourvues de raison, il courut à cet endroit, laissant pour un moment ses compagnons sur le chemin. Or, à mesure qu'il s'approchait, il vit que les oiseaux l'attendaient, et il les salua, selon son usage. Mais, admirant qu'ils ne se fussent point enfuis à sa vue, il fut rempli de joie, et les pria humblement d'écouter la parole de Dieu. Et il leur dit : « Mes frères les petits oiseaux, vous devez singulièrement louer votre Créateur et l'aimer toujours, car il vous a donné des plumes pour vous couvrir, des ailes pour voler, et tout ce qui vous est nécessaire. Il vous a faits nobles entre tous les ouvrages de ses mains, et vous a choisi une demeure dans la pure région de l'air. Et sans que vous ayez besoin de semer ni de moissonner, sans vous laisser aucune sollicitude, il vous nourrit et vous gouverne. » A ces mots, selon ce qu'il rapporta lui-même et ce qu'affirmèrent ses compagnons, les oiseaux, se redressant à leur manière, commencèrent à battre des ailes. Mais lui, passant au milieu d'eux, allait et venait, et les effleurait du bord de sa robe. Enfin il les bénit, et, faisant sur eux le signe de la croix, il leur permit de s'envoler. Après quoi le bienheureux Père s'en alla avec ses disciples, pénétré de consolation. Mais, comme il était parfaitement simple, par l'effet, non de la nature, mais de la grâce[1], il commença à s'accuser de négligence pour n'avoir pas prêché aux oiseaux jusqu'à ce jour, puisqu'ils écoutaient la parole de Dieu avec tant de respect.

... Rien n'était d'un plus grand exemple que cette horreur de la destruction, poussée jusqu'à écarter les vers du chemin, jusqu'à sauver les brebis de la boucherie, dans un temps qui supportait les cruautés de Frédéric II et de son lieutenant Eccelin le Féroce, qui devait voir le supplice d'Ugolin et les Vêpres siciliennes. Cet homme, assez simple pour prêcher aux fleurs et aux oiseaux, évangélisait aussi les villes guelfes et gibelines; il convoquait les citoyens sur les places publiques de Padoue, de Brescia, de Crémone,

1. V. note 12.

de Bologne, et commençait son discours en leur souhaitant la paix. Puis il les exhortait à éteindre les inimitiés, à conclure des traités de réconciliation. Et, selon le témoignage des chroniques du temps, beaucoup de ceux qui avaient eu la paix en horreur s'embrassaient en détestant le sang versé. C'est ainsi que saint François d'Assise paraît comme l'Orphée du moyen âge, domptant la férocité des bêtes et la dureté des hommes ; et je ne m'étonne pas que sa voix ait touché les loups de l'Apennin, si elle désarma les vengeances italiennes, qui ne pardonnèrent jamais.

LE CARDINAL NEWMAN

SUR

la compassion de S. Philippe Néri pour les animaux souffrants.

MEDITATIONS AND DEVOTIONS OF THE LATE CARDINAL NEWMAN... LONDON... LONGMANS, GREEN, AND CO... 1893...

***

NOVENA OF ST. PHILIP

(5)

May 21

PHILIP'S TENDERNESS OF HEART

***

He was very tender towards brute animals. Seeing someone put his foot on a lizard, he cried out, "Cruel fellow! what has that poor animal done to you?"

Seeing a butcher wound a dog with one of his knives, he could not contain himself, and had great difficulty in keeping himself cool.

He could not bear the slightest cruelty to be shown to brute animals under any pretext whatever. If a bird came into the room, he would have the window opened that it might not be caught.

PRAYER

Philip, my glorious Advocate, teach me to look at all I see around me after thy pattern as the creatures of God. Let me never forget that the same God who made me made the whole world, and all men and all animals that are in it. Gain me the grace to love all God's works for God's sake, and all men for the sake of my Lord and Saviour who has redeemed them by the Cross. And especially let me be tender and compassionate and loving towards all Christians, as my brethren in grace. And do thou, who on earth wast so tender to all, be especially tender to us, and feel for us, bear with us in all our troubles, and gain for us from God, with whom thou dwellest in beatific light, all the aids necessary for bringing us safely to Him and to thee.

LE CARDINAL MANNING,

ARCHEVÊQUE DE WESTMINSTER,

SUR

la vivisection.

THE ZOOPHILIST... London, July 1, 1881.

***

VICTORIA STREET SOCIETY

The Annual Meeting of this Society was held on Saturday last in the spacious drawing-rooms of the Lord Chief Justice of England's mansion in Sussex Square the chair being taken by the Earl of Shaftesbury, K. G....

***

Cardinal Manning[1] : I shall scrupulously follow the example of our noble chairman by saying only a very few words. Meeting here to-day, in the house of the Lord Chief Justice, we have very high sanction for our work. We should not have met here if a very wise head full of deliberation had not given our object his sanction. So far that we are not likely to be challenged either on points of law or of wisdom. Being here to-day, the duty that falls upon me is to propose " That the transactions, No. 2, of the Victoria Street Society, be adopted as the report of the Society. " I am very

1. V. note 13.

glad to move this resolution, for in two years I have not had the opportunity of expressing what I feel on this subject. There are men present now who know that before that period I was not slow in expressing strongly what I feel and desire. Then conviction had not been awakened, and I take the first opportunity that has been offered to me to renew publicly my firm determination, so long as life is granted me, to assist in putting an end to that which I believe to be a detestable practice without scientific result, and immoral in itself—(cheers)—and believing, as I do, that it cannot be controlled, that we have endeavoured to control it, that we have had a most elaborate commission and report, that commission and report laid down the number of conditions under which this practice must be admitted; legislation was founded on that report, and I believe not only has that legislation been ineffecfual, but that we have been entirely hoodwinked and the law has not been carried into effect. I believe the time has come, and I only wish that we had the power, legally to prohibit altogether the practice of vivisection. (Applause.) I am quite prepared then to adopt the report in my hand; and I do so for reasons which I find in the report itself which I read through attentively and caretully this morning. One reason why I am glad to adopt the report is contained in the memorial to Mr. Gladstone (page 25) where I read :—" The Act 39 and 40 Vict., c. 77, which promised to effect the reconciliation between the claims of science and humanity, has proved so ineffectual that some of the experiments cited as typically cruel before the Royal Commission (notably Dr. Rutherford's) have been in 1878 repeated under the direct sanction of the law; while three times as many vivisectors were licenced in 1878 as there were men engaged in such pursuits throughout the kingdom in 1875." That passage, I think, was written after careful and exact examination of the facts, all abundantly proving what is asserted, viz., that the statute that was passed two years ago has been ineffectual, and that as we cannot control we must prohibit. (Cheers.) I read also in the same document that Dr. Lauder Brunton experimented on ninety cats, and Dr. Rutherford on forty dogs, all of whom endured many days of torture; of cases of dogs and rabbits baked and stewed to death by Claude Bernard; and of twenty-five dogs covered with turpentine and roasted alive by Professor Wertheim; and I only ask whether, in the name of "science," experiments of that kind can be permitted? The same document says, and says most wisely: " Let not the name of science be made odious by responsibility for deeds which, if committed openly in our streets, would call forth the execrations even of the roughest of the populace." Then, again: "The history of the existing Act has shown that it is futile to attempt to separate the use of vivisection (if lawful use it have) from abuse. Between sanctioning its atrocities and stopping the practice altogether there is no middle course." By prohibiting vivisection "You will at one and at the same moment save numberless animals from pangs which add no small item to the sum of misery upon earth, and men from acquiring that hardness of heart and deadness of conscience for which the most brilliant discovery of physiology would be poor compensation." I think these sentences are both weighty and true. (Hear, hear.) I was not before aware of the horrors which had been perpetrated. In page 34 of the Report there is a reference to the pamphlet on the Action of Pain on Respiration, by the physiologist Mantegazza. The professor describes the methods which he devised for the production of pain. It seems they consist in "planting nails, sharp and numerous, through the feet of the animal in such a manner as to render the creature almost motionless, because in every movement it would have felt its torment more acutely." Further on he mentions that, to produce still more intense pain he was obliged to employ lesions, followed by inflammation. An ingenious machine, constructed by " our " T..., of M..., enabled him likewise to grip any part of an animal with pinchers with iron teeth, and to crush, or tear, or lift up the victim, " so as to produce pain in every possible way." The first series of his experiments, Signor Mantegazza informs us, were tried on twelve animals, chiefly rabbits and guinea pigs, of which several were pregnant. One poor little creature, " far advenced in pregnancy, " was made to endure *dolori atrocissimi,* so that it was impossible to make any observations in consequence of its convulsions. Nothing can justify, no claim of science, no conjectural result, no hoped for discovery, such horrors as these. (Applause.) Also, it must be remembered, that whereas these torments refined and indescribable are certain, the result is altogether conjectural—everything about the result is uncertain but the certain infraction of the first laws of mercy and humanity. (Loud applause.) But on the other hand I know that Sir William Fergusson, whom we have lately lost, has declared that science had never received the slightest augmentation from vivisection, and no man had greater experience than he ; and when I know that Sir Charles Bell, who with the practical knowledge of Fergusson had a scientific genius peculiarly his own, has left a record that no gains to science have resulted from vivisection[1], then I say we are mislead if we believe that vivisection leads us legitimately on to the path of discovery. (Hear, hear.) I am firmly convinced that there is only one thing to do, and that is to make the statute law of the land stronger than it is. Let no one believe that England is free from the enormities practised abroad. I love my country and my countrymen, but I will not confide in the notion that that which is practised abroad has not been and cannot be practised in our midst; and if I thought that there was at this moment a comparative exemption in England, I would say, "Let us take care that there shall never be the re-action of the continent on this country, for it is true and certain that whatever is done abroad within a little while is done among ourselves, unless we render it impossible that it should be done."

One of the most interesting parts of this report is that which states that "the young men of both the universities had been engaging themselves on the subject, and that in the Oxford Union Debating Society when the subject was discussed, the anti-vivisectionists carried the resolution." The opinions of the young men of the day are the prophecies of the future, and if we can educate our young men in

1. V. note 14.

an abhorrence of cruelty, practised in the name of science, your hands will be so strengthened that the day will not be far distant when you will be able to control this great evil. (Loud applause.)

THE ZOOPHILIST.... London, July 1, 1882.

***

ANNUAL MEETING OF THE VICTORIA STREET SOCIETY FOR THE PROTECTION OF ANIMALS FROM VIVISECTION.

***

Cardinal Manning moved the next resolution : “ That this meeting adopts Mr. Reid’s Bill for the Total Abolition of Vivisection. ” His eminence said : My Lord Shaftesbury,... I think that if we are by these practices to reduce our medical men and surgeons, and those into whose care we fall in moments of suffering, to a state of moral insensibility like this then happy will be those who slip out of the world without passing through their hands. (Applause.) Well then it appears to me that as we have the uncertainty of the result, and the certainty of atrocious and unimaginable suffering we have a case so strong that I cannot understand any civilised man committing or countenancing the continuance of such a practice. (Applause.) My lord, I will add only one short word. I am somewhat concerned to say it, but I know that an impression has been made that those whom I represent look, if not with approbation at least with great indulgence at the practice of vivisection. I grieve to say that abroad there are a great many (whom I beg to say I do not represent) who do favour the practice; but this I do protest that there is not a religious instinct in nature, nor a religion of nature, nor is there a word in revelation, either in the Old Testament or the New Testament, nor is there to be found in the great theology which I do represent, no, nor in any act of the Church of which I am a member; no, nor in the lives and utterances of any one of those great servants of that Church who stand as examples, nor is there an authoritative utterance anywhere to be found in favour of vivisection. There may be the chatter, the prating, and the talk of those who know nothing about it. And I know what I have stated to be the fact, for some years ago I took a step known to our excellent Secretary and brought the subject under the notice and authority where alone I could bring it. And those before whom it was laid soon proved to have been profoundly ignorant of the outlines, of the alphabet even of vivisection. They believed entirely that the practice of surgery and the science of anatomy owed everything to the discoveries of vivisectors. They were filled to the full with every false impression, but when the facts were made known to them they experienced a revulsion of feeling. I will only detain you further to ask if vivisection is to be continued, where is its term or limit to be? What is to be its limit if we are to be vivisectors, not for utility but for science? (Hear, hear.) And if we are to proceed upon the whole animal creation multiplying experiments on every vein, every nerve, every muscle, every function of the body with every drug to be applied and every surgical instrument to be used, I would ask where is to be the end of such practice? To me than this nothing more terrible can be conceived. I quite agree with what your lordship said a year ago. I do not believe this to be the way that the All-wise and All-good Maker of us all has ordained for the discovery of the healing art which is one of His greatest gifts to man. He has indeed attached labour to the drawing of the harvest out of the soil, but I do not believe the revelation of the healing art will come in the furrow of the atrocious suffering which vivisection inflicts on the lower animals. I cannot believe it, I cannot call it a truthful doctrine but a superstition. But I leave it to the scientists, and if they believe it then in my opinion they are the most superstitious men on earth. (Loud applause.) I sincerely hope that these two bills will pass into law, and that they will put a check to this most atrocious practice. (Renewed applause.)

SPECIAL SUPPLEMENT TO THE ZOOPHILIST... LONDON, JULY 1, 1884.

***

ANNUAL MEETING OF THE VICTORIA STREET AND INTERNATIONAL SOCIETY.

***

His Eminence the CARDINAL ARCHBISHOP OF WESTMINSTER : My Lord, Ladies, and Gentlemen,-... Nobody denies the lawfulness of capital punishment, I believe, except certain theorists who happily have not prevailed upon the intelligence of mankind. It is written in Holy Writ, and we are not wiser than that Book, but who will tell me that the lawfulness of capital punishment justifies the infliction *of torture*? Your Lordship has just spoken of a proposition made in the time of Charles II., that convicts, whose lives were forfeited to the State, might be operated upon by the infliction of surgical torture. Who would say that capital punishment includes the right to inflict torture? (Hear, hear.) Once more. Nobody, I believe, except certain very excellent people whom I respect in their life, but not in their theology, maintain the unlawfulness of war. Well, no one maintains that if war be lawful, the use of explosive bullets or of poisoned wells, or of the infliction of any kind of cruelty is justified and contained in the right to make war. Therefore it is clear that the words " kill and eat, " and the dominion which the beneficent Maker of all things has given to man over the lower creatures does not justify the infliction of exquisite torment in the name of Science—the most misleading of all the cries of this 19th century—nine-tenths of which is curiosity, issuing, I will not even say in knowledge, but issuing in a supposed knowledge, which I believe to be in large measure, barren of result. (Applause.) Therefore, my Lord, I am most happy to move the adoption of the Report.

THE ZOOPHILIST... London, April 1, 1887.

***

THE SOCIETY'S ANNUAL MEETING

***

The Annual Assembly of the members and friends of the Society was most successfully celebrated, on the 29th of March, at the Westminster Palace Hotel. His Eminence, Cardinal Manning presided...

***

Cardinal Manning :... A literary man of very great reputation, and highly celebrated for his literary powers but not equally so for his accuracy, I believe, was present at one of our meetings, and he heard out of my mouth this statement : that inasmuch as animals are not moral persons we owe them no duties, and that, therefore, the infliction of pain is contrary to no obligation. Now, he omitted to say that I did make that statement for the purpose only of refuting it —(applause)—but he put it into my mouth, and there it is in a book that is sold at all the bookstalls in the railway stations, and I am credited to this day with that which I denounced as a hideous and, I think, an absurd doctrine. (Hear, hear.) It is perfectly true that obligations and duties are between moral persons, and therefore the lower animals are not susceptible of those moral obligations which we owe to one another; but we owe a *sevenfold* obligation to the Creator of those animals. Our obligation and moral duty is to Him who made them, and, if we wish to know the limit and the broad outline of our obligation, I say at once it is His nature, and His perfections, and, among those perfections, one is most profoundly that of eternal mercy. (Hear, hear.) And, therefore, although a poor mule or a poor horse is not indeed a moral person, yet the Lord and Maker of that mule and that horse is the highest law-giver, and His nature is a law to Himself. And, in giving a dominion over His creatures to man, He gave them subject to the condition that they should be used in conformity to His own perfections, which is His own law, and, therefore, our law. (Hear, hear.) It would seem to me that the practice of vivisection, as it is now known and now exists, is at variance with those moral perfections...

S. G. Mgr BAGSHAWE,

ÉVÊQUE DE NOTTINGHAM,

SUR

la vivisection.

SPECIAL SUPPLEMENT TO THE ZOOPHILIST... LONDON, DECEMBER 1, 1893.

***

NATIONAL ANTI-VIVISECTION CONFERENCE AT NOTTINGHAM.

[SPECIALLY REPORTED.]

***

FIRST DAY'S PROCEEDINGS.

***

Bishop BAGSHAWE (Nottingham) : I am sorry that I cannot agree with our Chairman's proposal that there should be left certain centres in which vivisection should be carried on with the sanction of the State, for I think that the arguments his lordship so ably put forward as to the impossibility of providing any adequate supervision and preventing cruelty are conclusive, inasmuch as those who are entrusted with the recommendation of such centres are themselves vivisectors, and, the higher they get in their profession, sometimes the most cruel vivisectors; we should have no sort of security against these evils continuing—perhaps in fewer centres, but still continuing in our midst and handing down traditions of cruelty to succeeding generations. I think the discussion has been exceedingly interesting, and especially the papers that have been read, showing that the vivisectors can prove nothing as gained to science by what they have done. They have really never made out a case for vivisection, and the admissions that we have heard read to-day show that they have no case ; but, whether they have or not, I think the objections to vivisection are extremely grave. In the first place, it leads to a great deal of error, as the vivisectors themselves have acknowledged. They can come to no certain conclusions, because they examine the conditions of life under circumstances so utterly disturbing of the ordinary processes of life. And again, that which is natural to one animal is not necessarily natural to man. Indeed, they themselves are now often saying that vivisection upon animals is of little or no use ; that nothing good will be gained until they vivisect men. I do think that that is a most fearful danger. (Hear, hear.) From what I have heard I have no doubt that in some foreign hospitals, and, I fancy, a good deal quietly among ourselves, experiments are made of one kind or another upon poor patients, simply as experiments, without reference to their good. If that is the case it is a most awful thing, and that it will be the case if scientific vivisection goes on and increases I do not think any one can possibly doubt. I hold that the danger of putting a weapon of this kind in the hands of those who have power over the poor in our hospitals far outweighs any possible gain there might be to science. There is another grievous danger in vivisection. It is now claimed that psychology is a part of physiology; that the science of mind is merely a department of the science of the human frame, with its germ cells and other parts by which its action is developed; and that mind distinctly is the activity of those germ cells; that is to say, that mind proceeds from matter, and that matter can generate intelligence, and will. Well, I think you will all see that that is a denial of the human soul, and would lead to a denial of Almighty God's action. If matter can develop into mind, and will, and intelligence, matter may have created the world. They certainly do claim—for the sentence I am referring to was very distinct—that inasmuch as mind was the activity of an organism, therefore necessarily psychology, or the science of mind, was a mere department of physiology, or the science of the body. To encourage such speculations is a most horrible evil. If doctors are to be turned from their proper position and made to talk of these things of which they understand nothing, and confound sciences together in that absurd fashion—to say that because they are good with the microscope therefore they can understand and teach us all about the intelligence and the mind—it is a very grievous evil, and, I suppose, absolutely destructive of Christianity. Another and perhaps the worst evil of vivisection is, that it encourages that cruelty which is certainly one of the characteristics of fallen man, a passion which he likes to gratify as much as he likes to gratify other passions, and which easily grows to a monstrous extent if it is at all encouraged. When one reads the accounts written by vivisectors themselves of their spending day after day in torturing whole multiples of animals with the most fearful torture, apparently with no direct object at all (because, in by far the greater part of their experiments there is nothing to be proved except to see the results of their torture and the pain that it inflicts) one cannot but shudder at the idea of such a fearful amount of cruelty being pandered to and allowed to grow in their hearts. Really, I feel that I could scarcely shake hands with or acknowledge as a friend at all a man who could deliberately spend his days in that kind of thing (cheers); and I am quite sure, however much they may talk about their not forgetting the difference between man and other animals, any man who takes a delight in vivisecting dogs all day long would not hesitate very much at vivisecting men if he got the chance of doing it without any opprobrium. I do not hold exactly with the "rights" of animals. I have noticed a confusion in some of the speeches on this question between animals and man. Men have reason and free will, and it is necessary to have reason and free will in order to have a right properly speaking at all. That which is not intelligent has not a right. But nevertheless, we have duties, though they have not rights. We have the duty to imitate our Creator; our Creator is infinite mercy; and, to cultivate in ourselves habits of cruelty, when He is infinite mercy, is assuredly not fulfilling that duty. I think it to be certainly a sin and a crime to be cruel to animals, for the reasons I have given, not that it violates any rights the animals have, but because it is entirely opposed to the divine injunction to fashion ourselves in the likeness of God. (Hear, hear.)

The Animals' Friend... JANUARY, 1896.

***

I think vivisection in practice wholly abominable and detestable, and most dangerous to mankind.

I do not believe it has produced any good results, but, rather, many mischievous ones, especially that of diverting young medical men from legitimate study and dissection.

It is impossible that even a hundredth part of the atrocious cruelties which vivisectors (by their own account of themselves) spend their days in inflicting on helpless living creatures can be practiced without turning a man into something like a cruel devil.

The developed taste for blood and cruelty must in the end find its full satisfaction in the vivisection of human beings when they have the misfortune to come under the power of our future doctors. There is too much of it, I fear, going on already in our hospitals, and in practice among the poor.

✝ Edward, Bishop of Nottingham.

The Cathedral, Nottingham,
Nov. 15th, 1895.

AGAINST VIVISECTION... VERBATIM REPORT OF THE SPEECHES DELIVERED... AT THE GREAT PUBLIC DEMONSTRATION AT ST. JAMES'S HALL, LONDON, On WEDNESDAY, APRIL 26th... **London** :... THE LONDON ANTI-VIVISECTION SOCIETY,... 1899.

***

The Right Rev. the BISHOP OF NOTTINGHAM :—

***

... Professor Slocum is reported to have said this, "The aim of science is the advancement of human knowledge. If cats and guinea-pigs can be put to any better use than the advance of science, we do not know what it is. We do not know of any higher use that we can put a man to. Human life is nothing compared to a fact"—that is the sort of state of mind that these men get into through their experimentation. Then he goes on, "After the furtherance of science, the saving of life is the noblest object we have in view." Hospitals, therefore, are for the advancement of science. We suppose when we subscribe to them that they are for the preservation of human life and for the curing of disease. Then he says, "I think we, as medical men, should not attempt to conceal from the public the debt of gratitude we owe to the *corpora vilia*—to the wretched bodies of the poor—for such they are, and will be as long as the healing art exists and progresses." I will not read you any further extracts, but these are quite sufficient to show that, in the opinion of these men, they might just as well experiment upon patients as they might upon cats and dogs and guinea-pigs. The *Zoophilist* of this month reproduces from the *Christian World* a paragraph from a German paper, in which it says, "It gives numerous cases where dangerous operations were performed simply to give the surgeons valuable experience. Many cases ended fatally, while in the others, the victims were maimed for life; eighty cases are cited where children between the ages of eight and fifteen were inoculated with contagious diseases for experimental purposes. A similar outrage was committed upon a large number of women about to become mothers, whereby their innocent offspring were cursed by a terrible disease from the moment of their birth, and so on." (A voice. "Where—was that in England?") That was in Vienna. According to the *Zoophilist* this report was verified afterwards, and these people excused themselves by saying that it was practised in several other places also. I remember reading a case not long ago of some American who boasted that he had inoculated with yellow fever some half-dozen people, who had died in torments of it—and that man is not yet hanged. (Loud applause.) Then I say that besides leading to this, which I think is a terrible and grievous danger, vivisection is most mischievous in different ways. Not only is it useless, but it is misleading. What are we to think of those doctors who, after vivisecting hundreds of dogs, find that they have drawn wrong conclusions, and have tried them probably on patients with infinite mischief? If it misleads it is worse than useless. If young medical men are to spend their lives in torturing animals because they hope that they may do something thereby to distinguish themselves, is it not turning them away altogether from their proper clinical studies and *post-mortem* examinations, in which they can compare the symptoms of disease with what they find after death, and verify those symptoms and explain their meaning? Again, I think it is a serious evil that great distrust is created in the minds of many, certainly in my own, concerning hospitals, and the possibility of these things going on there. We read of their managers considering the work of science as their first business. We read that they talk of their patients as "clinical material"—material for them to work upon. They are for enlarging the hospitals in order to get further available cases for their experiment. Without bringing, or wishing to bring, any accusation against so excellent a body of men as our doctors—and our friend, Dr. Wall, has just declared that he believes the great mass of them are innocent of these things—still it is a terrible thing that a suspicion of such things going on in our hospitals should exist, and if vivisection schools are attached to hospitals, it cannot be denied that there is good ground for such suspicion. (Cheers.) We have spoken of the great danger to humanity of its becoming the fashion to experiment upon people for practice, for money, for science, and for all manner of wrong motives, thereby incurring the guilt of being horribly cruel and invading the just rights of men. But there is also the dreadful danger arising from the filthy poisons that medical men, or these experimenters at least, are cultivating and making institutes to cultivate here, there, and everywhere. Some of these serums are said to be " putrescent filth ; " they are all, I think, filled with all sorts of germs and poisons for spreading diseases. They are loathsome and abominable and they are spread and cultivated, and hundreds of animals are inoculated with them ; their carcases are turned out for the infection to be spread by all manner of creatures, such as mice, rats and flies. I say that to have laboratories to produce poisons and serums, and filthy remedies of that kind is a grievous danger to the human race. (Cheers.) Then my resolution is that these ought to be totally abolished by law. (Cheers.) You have heard—I think our own reason would tell us—that it is quite absurd to suppose that during two or three days of experiments on living animals they can be kept under chloroform. It is difficult enough to do this for a short time in operations performed upon men, but to suppose that they do it for two or three days on end is a stretch of imagination which I cannot reach to. Moreover, it is acknowledged that 6,700 out of 8,000 odd of these experiments are done without even the pretence of anæsthetics. If it is said that inoculations give little pain, and it is perfectly true that they give little pain at the moment, are the agonies and the pains of poison and horrible diseases to be counted as nothing? (Applause.) Then as to the inspection. We have two medical men going twice a year to visit a laboratory, with notice given, and then they give in as their report the statement of the man himself. That is one of those farces which we are rather accustomed to—(laughter and applause)—the pretence of doing a thing to satisfy the public conscience, while we well know that we are not doing it. I will say no more, ladies and gentlemen, except that it is impossible to suppose that this system of giving licenses to hundreds of persons, to go on in secret doing these cruel things to animals, and with no possible adequate inspection of them, is protecting animals; it is increasing their danger, because now people cannot watch and observe, and report, and have the guilty punished for their doings. It is a shield under cover of which men can do as they like, and let their friends and acquaintances come to their laboratories and do as they like. It is impossible to suppose that the system of torture chambers, increasing and multiplying over the country, can go on without these horrible abuses and dangers accompanying them. I say there is no possible remedy for the evils of vivisection but its total abolition. (Cheers.) Therefore, I propose to move this resolution.

LE RÉV. PÈRE LESCHER,

DES FRÈRES PRÊCHEURS,

SUR

la vivisection.

THE PRACTICE OF VIVISECTION BY WILFRID LESCHER, O. P... STROUD :... J. ELLIOTT, STROUDWATER PRINTING OFFICE... 1894.

***

...Whatever meaning may be given to the word *Rights*, I intend to show that in animals there is a something—call it right, or call, or claim—which is an intrinsic bar to cruelty, and renders that cruelty a sin. In other words there is a real objective counterpart to the acknowledged sin of cruelty to animals, and that it is to be found in the animal's nature. Cardinal Zigliara says, *Peccatum est crudelitas etiam in bestias,* because thereby the cruel person *ponit actionem dissonam a fine et ordine Creatoris.* Words could not more clearly point to an objective law. He denies to animals *jura*, and by these he evidently understands rights in their high human sense only.

It is strange indeed to hear it put forward as an axiom that Animals have no rights. As an academic proposition it might pass, but it would then assuredly never merit discussion, for it is in that sense a truism. But when put forward in order to

Vivisection we begin to see that in it there is a grim something which calls for strong opposition. For it is used as a cover to the grossest cruelties and the most frightful abuses. It is meant in earnest to justify animals being used as the toys of man's torturing and tearing instruments, as the objects of his vicious caprice, to assert a dominion over them as absolute and as despotic as over the trees and shrubs of the earth. Its most vehement assertors cannot defend it. For if Animals have no rights, it follows that there is no such thing as cruelty to animals, or that cruelty to animals is not wrong. They do not, they dare not, assert that consequence. Of what use then is the proposition except to fortify a dangerous practice, and to put a convenient sophistry into the Vivisector's hand?

***

That an animal has a distinct place in creation, that it has a relation to man above a plant is distinctly laid down by St. Thomas. He treats of the dominion of man over other creatures, and he says that his dominion over plants and other lower things is unlimited. Man uses them *absque impedimento*. Cajetan, the first of Thomist commentators says that man over these *habet dominium despoticum*. But his dominion over animals is limited. The limit is their own living and sensitive nature, which reason tells us is higher and better than inanimate natures, subject to less of law and more entitled to freedom.

***

... It is difficult to believe that the *open sesame* of Science is only to be found in the cries of the animal creation, at the expence of man's demoralization. There are some also, we must not forget, who deny that these facts are of any use, or have caused any good. Authorities of undoubted worth have declared this, which shows that the boasting of Vivisectors proves a great deal too much.

Further, granting the use, it must be subject to the general good, and that good is paramount in the general morality. The people recognise that the treatment of animals is a moral question. The Acts against cruelty are a sufficient proof that the country is agreed to place absolutely the reasonable and humane treatment of animals above their mere utility...

***

That animals are meant, in the providential order of things, to educate both the thought and affection of man is proved by the fact that they have that influence. The wrong treatment of them must produce a distorted character, as experience shows. No one will deny that great and habitual cruelty in a child towards animals is rightly looked on everywhere as a very bad augury, and is the proof of a depraved disposition. To hear the speech of Vivisectionists we might almost regard this as an antiquated idea. The common sense of mankind will, however, assert itself, and will assuredly continue to regard kindness to animals as an index to private character, and the Laws which injure it as harmful to the national character itself.

As to the theological aspect of Vivisection I have said enough to show that the principles of a satisfactory solution are contained in Catholic Theology. The kernel of the matter is in man's dominion over creatures. St. Thomas treats of that distinctly. The corresponding term is in the animal's nature. Here the question has not yet been treated adequately, but enough is said to point in the same direction, and to show that the subjective law has an objective counterpart.

THE CATHOLIC TIMES AND CATHOLIC OPINION, FRIDAY, NOVEMBER 11, 1898.

***

Sir, — It does not seem extravagant to say that animals have got rights. It is true that they have not human rights, but as there is in them a nature demanding a treatment quite above that accorded to wood or iron, plants and shrubs (as St. Thomas says), so it is reasonable to claim for them rights—animal rights. There is no theological or philosophical consensus against this proposition, which we should hold all the more firmly as we see the opposite favoured by the advocates and defenders of vivisection. Animals are not mere things, nor would any civilised law allow them to be treated as such. — Yours, etc.,

WILFRID LESCHER, O. P.

November 7th.

S. E. LE CARDINAL GIBBONS,

ARCHEVÊQUE DE BALTIMORE,

SUR

l'humanité envers les animaux dans l'ancienne et la nouvelle Loi.

The Animals' Friend... JANUARY, 1896.

***

The old law commanded : " Thou shalt not muzzle the ox when he treadeth out the corn. " Certainly the law of Christ is not less benevolent to the creatures that minister to the comfort and needs of man.

Faithfully yours in Christ.

† J. CARD. GIBBON.

LE T. R. DOM GASQUET,

CONSULTEUR DE LA COMMISSION PONTIFICALE DES ÉGLISES D'ORIENT,

SUR

l'enseignement de la pitié envers les animaux par l'Église au moyen âge.

THE DUBLIN REVIEW... APRIL 1897.

***

ART. I. — HOW OUR FATHERS WERE TAUGHT IN CATHOLIC DAYS.

Some few years ago I attempted in the pages of this Review to show that the instruction given by the English priests in pre-Reformation times was by no means so hopelessly inadequate as it suited the sectarian purposes of some writers to represent. In fact, an extended and careful examination of original and much-neglected sources had compelled me to come to a very different conclusion...

***

The volume I propose to submit to the test of examination is one that is said to have been very popular in the fifteenth century. It is called "Dives et Pauper"—the rich and the poor man—and its purpose is thus declared in the colophon at the end of one copy : "Here endeth a compendious treatise or dialogue of Dives and Pauper : that is to say, the rich and poor, fructuously treating upon the Ten Commandments. "... The fact that it was considered a volume of sufficient interest and importance to warrant its publication by the first English printers among the earliest fruits of the newly discovered art of printing will be sufficient to attest its popularity, and the value attached to it by the ecclesiastical authorities.

... After carefully reading the volume and noting any illustrations of the time, and of the circumstances of the English people when the author was writing, I am strongly of the opinion that the book was composed somewhere in the first decade of the fifteenth century... The passages quoted will be given as in the original, but for the convenience of the reader in a modern spelling.

***

It is somewhat curious at a time when, as we have been led to suppose, cruelty, especially to animals, was little considered, to find our author speaking strongly against the wanton and unnecessary killing of God's creatures.

When God forbade man to eat flesh [he says], he forbade him to slay beasts in any cruel way, or out of any liking for shrewness. Therefore, He said, " Eat ye no flesh with blood " (Gen. ix), that is to say, with cruelty; " for I shall seek the blood of your souls, at the hands of all beasts. " That is to say : I shall take vengeance for all the beasts that are slain only out of cruelty of soul and a liking for shrewness. For God that made all hath care of all, and

He will take vengeance upon all that misuse His creatures. Therefore, Solomon saith, "that He will arm creatures in vengeance on their enemies" (Sap. v.); and so men should have thought for birds and beasts and not harm them without cause, in taking regard that they are God's creatures. Therefore, they that out of cruelty and vanity behead beasts, and torment beasts or fowl, more than is proper for man's living, they sin in case full grievously.

***

FRANCIS A. GASQUET.

LES « MÉDITATIONS

SUR LA VIE DE N.-S. JÉSUS-CHRIST »

DE

Mme ABEL RAM[1]

(avec une préface du Cardinal Manning et une lettre d'approbation du T. R. Père Chocarne, des FF. PP.)

SUR

S. Marc, I, 13.

THE MOST BEAUTIFUL AMONG THE CHILDREN OF MEN... MEDITATIONS UPON THE LIFE OF OUR LORD JESUS CHRIST... BY MRS. ABEL RAM... WITH A PREFACE BY THE CARDINAL ARCHBISHOP OF WESTMINSTER... SECOND EDITION... R. WASHBOURNE,... 1889...

***

" And He was in the desert forty days, and forty nights; and was tempted by Satan, and He was with beasts, and the Angels ministered to Him. " — St. Mark i. 13.

***

A touching legend shows me the gracious Saviour seated on a rock, with savage animals lying peacefully at His feet, and little birds singing sweet songs about His head, as they nestle in the folds of His garments. I learn from the sight of Jesus dwelling amongst animals that purity and innocence attract all hearts, and that if I would

1. V. note 15.

resemble Jesus, I must live at peace with all, supporting the defects and ill-humour of my fellow-creatures with patience and charity, showing kindness to those who are rough and overbearing, as well as to be meek and gentle. I learn also to be kind to all dumb animals, which are creatures of Jesus, and which He loves—since He dwells amongst them—and I learn never wilfully to hurt them, but to cherish them, as each represents a thought of the Creator, and a gift at His hands.

LE « CATÉCHISME CATHOLIQUE

POUR LE DIOCÈSE DE MAYENCE »

SUR

la cruauté envers les animaux.

Katholischer Katechismus für das Bistum Mainz... Mainz,... Verlag von Franz Kirchheim... 1893.

***

Gewissenserforschung.

***

Fünftes Gebot.

***

Habe ich Tiere gequält?

***

Von den zehn Geboten Gottes.

***

Das fünfte Gebot Gottes.

***

Die Tiere ohne Not oder Nutzen töten oder quälen, ist sündhaft. „ Der Gerechte sorgt auch für sein Vieh, aber das Herz der Gottlosen ist grausam. " Spr. 12, 10

LE « CATÉCHISME DE FAMILLE »

DU

RÉV. DR ROLFUS

(avec des lettres d'approbation de LL. GG. les Évêques de Mayence, Limbourg, Linz, Coire, Basle-Lugano et St-Gall)

SUR

la cruauté envers les animaux.

Katholischer Hauskatechismus,... Von Dr. Hermann Rolfus, Erzbischöflicher Geistlicher Rat und Pfarrer in Sasbach am Kaiserstuhl... Mit bischöflichen Approbationen und Empfehlungen... Zweite Auflage... Benziger & Co..... Einsiedeln,... 1897.

* * *

Fünftes Gebot.

* * *

§ 100. Von der Tierqualerei.

Auch über die Behandlung der Tiere haben wir Vorschriften. Das fünfte Gebot untersagt den Menschen, die Tiere unnützer Weise zu quälen und zu plagen, gebietet vielmehr, auch gegen diese barmherzig zu sein. Gott hat den Menschen zum Herrn gesetzt über die ganze Erde, und alle Tiere sind in seine Hand gegeben. Er darf dieselben zu seinem Nutzen verwenden, und darf die schädlichen von sich abwehren. Aber er muss für die sorgen, die zu seinem Dienste sind, und darf, wenn er Tiere töten muss, denselben keine grösseren Schmerzen verursachen, als notwendig ist. Insbesondere sind es die Haustiere, denen Pflege und Wartung gebührt, denn sie können sich nicht selbst helfen, können nicht klagen und sind willenlos in die Hand des Menschen gegeben. Was wäre der Mensch, wenn er die Tiere nicht hätte? Ist es also nicht schändlich, wenn ein Mensch in roher Gefühllosigkeit einem Tiere absichtlich Schmerzen verursacht oder aus Leichtsinn und Nachlässigkeit dasselbe schädigt? Wie der Mensch, so hat auch das Tier fünf Sinne und auch das Tier fühlt den Schmerz. Schon der eigene Nutzen sollte dem Menschen Schonung gegen die Haustiere gebieten. Die heilige Schrift gebietet es aber auch ausdrücklich :

„ **Der Gerechte sorgt auch für sein Vieh, aber das Herz der Gottlosen ist grausam.**" (Sprich. 12,10.)

Insbesondere soll man an folgende Regeln sich halten :

Wenn ein Tier geschlachtet wird, so soll es auf eine solche Weise geschehen, dass der Tod möglichst beschleunigt wird, und demselben nicht unnötige Qualen bereitet werden. Welcher Abscheulichkeiten macht sich doch der Mensch nicht schuldig! Man denke nur an die geknebelten Kälber, Schafe und Schweine, an die misshandelten

Karrengäule, die gehetzten Stiere, die lebendig gesottenen Fische. Wer kein Mitleid hat, wenn er ein Kalb auf dem Wagen geknebelt liegen und in der Sommerhitze den Stichen der Insekten ausgesetzt sieht; wenn er sieht, wie es hiflos die Zunge herausstreckt, wie sein Kopf am Wagen herumgeschlagen, und es vom Wagen auf den Boden herabgeworfen wird und man es Tag und Nacht liegen lässt — wer das und ähnliches sieht, und wem das nicht Wehe thut, und wer nicht Abhilfe zu bringen wünscht, der verdient den Namen eines Menschen nicht, der ist kein Kind des himmlischen Vaters, von dem es heisst:

„Er giebt dem Vieh seine Speise und den jungen Raben, die zu ihm rufen." (Ps. 146, 9.)

„Verkauft man nicht fünf Sperlinge um zwei Pfennige? Und nicht einer von ihnen ist vergessen vor Gott." (Luk. 12, 6.)

Beispiele.

Wie sehr der Herr selbst auf die vernunftlosen Geschöpfe Rücksicht nimmt, das sehen wir am deutlichsten aus der Geschichte des Jonas. Denn als dieser ungehorsame Prophet darüber murrte, dass Ninive nicht unterging, sprach der Herr zu ihm: „Sollte Ich kein Mitleid haben mit Ninive, der grossen Stadt, in welcher mehr als 120 000 Menschen sind, die den Unterschied zwischen ihrer rechten und linken Hand nicht kennen, und **so viele Tiere.** " (Jon. 4, 11.)

Moses gab den Israeliten strenge Gesetze, welche auf die Schonung der Tiere berechnet waren :

,, Wenn du den Ochsen deines Bruders oder sein Schaf herumirren siehst, sollst du nicht vorübergehen, sondern deinem Bruder sie zurückführen. " (v. Mos. 22, 1.) ,, Wenn du den Esel deines Bruders oder seinen Ochsen fallen siehst auf dem Wege, so sollst du es nicht verschmähen, sie aufzurechten mit ihm. (v. Mos. 22, 4.) Und dasselbe soll auch gegen den Ochsen und den Esel des **Feindes** beobachtet werden. ,, Du sollst nicht pflügen mit einem Ochsen und einem Esel zusammen. " (v. Mos. 22, 10.) Sogar zeitlicher Segen wird dem versprochen, der die Tiere schont; denn Moses gebietet : ,, Wenn du auf dem Wege bist und auf einem Baume oder auf der Erde ein Vogelnest findest, worin die Mutter über den Jungen oder den Eiern sitzt, so nimm sie nicht mit den Jungen, sondern lass sie fliegen und behalte die Jungen, **auf dass es dir wohlgehe und du lange lebest.** " (v. Mos. 22, 6.) Bei den Israeliten war es gebräuchlich, die Getreidegarben von den Ochsen austreten zu lassen. Da gab es geizige Leute, welche den Ochsen das Maul verbanden, dass sie nichts fressen konnten. Deshalb wurde geboten : ,, Du sollst dem Ochsen, der auf deiner Tenne deine Früchte drescht, das Maul nicht verbinden. " (v. Mos. 25, 4.) Im dritten Gebote Gottes war ausdrücklich befohlen, dass auch das Tier am Sabbat nicht arbeiten dürfe : ,, Sechs Tage sollst du arbeiten, am siebenten Tage sollst du innehalten, dass dein Ochs und Esel ruhe. " (II. Mos. 23, 12.) Ja, um in den Israeliten ein recht zartes Gefühl zu pflegen, war geboten : ,, Das Böckchen sollst du nicht kochen in der Milch seiner Mutter. " (II. Mos. 23, 19.)

LE T. R. PRÉLAT LANDSTEINER,

DOYEN MITRÉ DE LA COLLÉGIALE DE NIKOLSBURG,

SUR

un livre de propagande protectrice du Rév. Père Podlaha, Piariste,

ET SUR

la vivisection.

Erzählungen des Pfarrers von Kirchthal... Von Wilhelm Podlaha... Neu heurausgegeben und mit einem Lebensbilde des Verfassers versehen von Karl Landsteiner... Zweite, durchgesehene und verbesserte Auflage... Wien... Im Verlage des Wiener Thierschutz-Vereines... 1896.

***

Wilhelm Podlaha's Leben und Wirken.

***

In den „ Erzählungen des Pfarrers von Kirchthal " sollte gezeigt werden, was der Mensch durch gute und schlechte Behandlung der Thiere werden könne. Dem thierfreundlichen, braven und herzensguten Michel wird der bösartige Thierquäler und auch sonst nichtsnutzige Kilian entgegengestellt ; während dieser immer tiefer sinkt, bis er als Verbrecher endet, steigt Michel empor und wird ein reicher, angesehener Grossbauer. Das Ganze erinnert an Hogarth's charakterische Darstellung der Laufbahn eines Fleissigen und eines Faulen und ist auch eine Art von gutem

Fridolin und bösem Dietrich vom Standpunkte des Thierschutzes aus.

* * *

Vorwort zur zweiten Auflage.

Ich bezeichne diese Ausgabe der „Erzählungen des Pfarrers von Kirchthal" als zweite Auflage, obwohl das Buch in der ursprünglichen Fassung schon mehrere Auflagen erlebte. Es ist aber die zweite Auflage meiner Bearbeitung.

Diesmal hat sich der Wiener Thierschutzverein — auf meine Anregung — des schönen Werkchens besonders angenommen, indem er eine mit Illustrationen geschmückte Ausgabe auf seine Kosten veranstaltet. Dadurch ist der Verein in den Stand gesetzt, zur Verbreitung des Buches in seinen Kreisen beizutragen. Die schöne Ausstattung lässt aber das Buch auch als Festgeschenk geeignet erscheinen.

General-Bericht des XII. internationalen Thierschutz-Congresses... Budapest vom 18. bis 21. Juli 1896... Herausgegeben vom Landesthierschutzverein zu Budapest... Redigirt vom Generalsecretär des Congresses Dr. phil. JULIUS SZALKAY...

* * *

CONGRESS-VERHANDLUNGEN.

* * *

II. Verhandlungstag.

* * *

Dr. Landsteiner : Meine geehrten Damen und

Herren! Wenn wir nur Gefühlsmenschen wären, würde ich meinen Vortrag nicht durch eine Polemik beginnen. Aber leider bin ich gezwungen, mit einer Abwehr zu beginnen. Es ist hier das Wort gefallen, dass der geistliche Stand sich nicht an der Thierschutzsache betheilige. Nachdem hiedurch der ganze Stand angegriffen wurde, muss ich einige Worte der Entgegnung vorbringen, damit man nicht sage, ich war zugegen, ich habe es gehört, doch sei ich wortlos geblieben, wie ein stummer Hund. Man machte diesen Vorwurf, welchen ich nicht hingehen lassen kann. Man sagte auch, dass in der heiligen Schrift nichts enthalten sei für den Thierschutz und dass die Geistlichkeit den Thierschutz nicht unterstütze. Das ist ungerecht. Sehen wir uns um in diesem Saale... Und nicht zu schweigen von dem grossen Erzbischof Manning, welcher eine Leuchte der Wissenschaft war. Tausende und tausende von Thierschützern wiegen nicht einen solchen Mann auf und er war ein katholischer Bischof. Das allein müsste schon jeden zurückhalten, um gegen die katholische Kirche zu sprechen. Auch meine Wenigkeit hat ein Buch herausgegeben, und allgemein anerkannte man, dass dieses Buch ein werthvolles Mittel des Thierschutzes war.....

... Verehrte Mütter, die Ihr Eure Söhne auf die Universität schicket, sagt den Kindern : „ Wollt

Ihr auch Vivisectoren werden? Wollt Ihr das Mutterherz verleugnen? Dann lasset lieber diesen Beruf!" Dies würde eine überaus wichtige Folge haben. Wir haben aber nur Muth in den Congressen dagegen zu donnern, was uns weh thut, und draussen haben wir nicht den Muth, unsere Überzeugung zu vertreten. Wir werden vielleicht beschliessen, die Vivisection abzuschaffen und ich stimme aus vollem Herzen dafür. Damit haben wir aber noch sehr wenig gethan. Da wird noch viel Wasser in der Donau herabfliessen, bis die Herren Professoren die Moral, die wir da predigen, annehmen werden. Sie greifen die Jesuiten an, weil sie den Wahlspruch hatten: Der Zweck heilige die Mittel. Sie aber verwirklichen diesen Grundsatz mit den allergrössten Quälereien, zu denen verglichen die Grässlichkeiten der Geschichte nichts sind, wie ein Kinderspiel...

S. E. LE CARDINAL CAPECELATRO,

ARCHEVÊQUE DE CAPOUE,

SUR

la compassion et l'affection de S. Philippe Néri pour les animaux.

LA VITA DI S. FILIPPO NERI... DI ALFONSO CAPECELATRO DELL' ORATORIO,... VOLUME PRIMO... NAPOLI,... R. STAB. TIPOGRAFICO DEL COMM. G. DE ANGELIS E FIGLIO :... 1879.

***

Già dalle cose scritte sinora si può vedere che natura tenera e affettuosa fosse la sua, Ma è bene guardarla un po' più attentamente. I biografi notano che egli fu tenerissimo di cuore anche con gli animali ; onde, per esempio, ci raccontano che un Padre di Congregazione ponendo un piede sopra una lucertola, il Santo se ne rammaricò, e gli disse : « Crudele, che ti ha fatto quell' animaletto ? » — A me pare di vedere in ciò una nuova somiglianza tra lui e quel S. Francesco d'Assisi a cui gli animali erano sì cari. Però il rimprovero di S. Filippo a chi calpesta una lucertola, mi ricorda il rimprovero che fece S. Francesco a un tale che aveva in sulle spalle due agnellini : « Perchè fai tanto patire i miei fratelli agnellini, portandoli a questo modo legati e penzoloni ? » — Ancora di S. Francesco si legge che le lepri e i fagiani gli si riparavano sotto la tonaca; e lo stesso i biografi ci dicono che fecero spesso cani o augelli o altri animali con S. Filippo...

***

... Un altro dì, essendosi trovato un uccellino nella cappella dove Filippo diceva Messa, disse a chi lo teneva nelle mani: deh che tu non gli faccia male, ma lascialo pure libero. L'uccellino prese il volo e andò via; ma il Santo, come pentito, aggiunse con dolore: Or dubito che il poverino non saprà procacciarsi cibo da sè [1].

1. V. note 16.

LE T. R. ABBÉ BÉNÉDICTIN TOSTI,
VICE-ARCHIVISTE DU S. SIÈGE,
SUR
l'affection des saints pour les animaux.

DELLA VITA DI SAN BENEDETTO... DI D. LUIGI TOSTI BENEDETTINO - CASSINENSE... MONTECASSINO M·DCCC·XCII.

***

E qui viene a taglio un' avvertanza necessaria intorno a quel corvo, adusato dal Santo a prendere ogni dì dalle sue mane il cibo ad ora fermata. Questo fatto potrebbe nell' animo del lettore svegliare pensiero irreverente verso il medesimo, quasi che per leggerezza di costume logorasse il tempo a domesticare corvi o altre bestie. Gli uomini, come S. Benedetto, sempre intenti nell' amore di Dio creatore, non potevano contenersi dall' amare ogni cosa che veniva da lui per creazione. In guisa che si tenevano stretti di amore fraterno ad ogni cosa creata per la comunanza del Padre che li aveva creati. E di rimando spesso gli animali irragionevoli, per divina ordinazione, si prestavano a far servizi ai santi uomini che, lontani dall'umano consorzio, nei deserti committavano solo nelle mani di Dio la loro vita. Perciò inermi e soli mai non morirono per infestazione di bestie ferine; anzi troviamo nelle vite dei Padri del deserto il corvo recatore del pane a S. Paolo primo eremita, e i due leoni accorsi dal fondo del deserto a scavargli la fossa, in cui Antonio compose il di lui corpo. E per questa diffusione di amore fino alle creature irragionevoli S. Francesco chiamava frati gli uccelli, e frate anche il lupo.

LETTRE DE S. E. LE CARDINAL RAMPOLLA,

POUR

S. S. LE PAPE LÉON XIII,

SUR

la Société protectrice des animaux de Paris.

BULLETIN DE LA SOCIÉTÉ PROTECTRICE DES ANIMAUX... MARS 1894... PARIS... 84, RUE DE GRENELLE...

***

RÉPONSE A LA LETTRE ADRESSÉE A S. S. LÉON XIII AU NOM DU CONSEIL.

***

Illmô Signore,

Le Espressioni di riconoscenza e di devozione che la S. V. Illmâ, anche a nome del Consiglio di Amministrazione della Societa, cui presiede umiliava al nostro Santo Padre con lettera del 17 corrente Febbraio, furono sommamente accette al di Lui cuore Paterno, anche per lo scopo altamente umanitario et Christiano, cui tendono, per il che si degna di fargli pervenire per mio mezzo i dovuti ringraziamenti, mentre porgendole i sensi della mia piu distinta stima mi professo [1].

Di V. S. Illmâ,

Roma li 24 Febbraio 1894.

Devmô

Card. RAMPOLLA.

Illmô signor Alberto Uhrich.

---

1. V. note 17.

NOTES

1. — Page 11.

La *Notitia historica* sur Némésius, citée par Migne de la *Bibliotheca Patrum* de Gallandius, en donne l'appréciation suivante :—

‘ His positis, jure optimo recensendus videtur Nemesius ‘ noster inter præcipuos sæculi IV Ecclesiæ doctores, qui ‘ religionem Christianam summo studio defendendam ‘ suscepere. ’

2. — Page 14.

« *Parma* », sans douteune faute d'impression pour *parva*.

3. — Page 15.

L'animal qui entre dans ce récit est devenu dans l'iconographie la lionne que *Les Petits Bollandistes* (7e édition, vol. I) donnent pour compagne à saint Macaire le Jeune. Il y a eu là sans doute une méprise des artistes ou des copistes du moyen âge, qui auront lu *leæna* pour *hyæna*, à une époque où l'hyène devait être à peine connue, même de nom, en Europe. Il est possible, d'ailleurs, que saint Macaire d'Alexandrie ait été, par suite de cette erreur, confondu avec l'un des ascètes anonymes dont parle l'extrait suivant.

M. Chavin de Malan, dans son *Histoire de saint François d'Assise* (Sagnier et Bray), donne la traduction suivante de l'épisode.

‘ « Un jour, saint Macarius d'Alexandrie étant assis dans ‘ sa cellule et s'entretenant avec Dieu, une hyène lui apporta ‘ son petit, qui était aveugle. Elle frappa de sa tête contre ‘ la porte qui s'ouvrit; elle entra et le jeta à ses pieds ‘ ... Le saint fit sa prière et le petit loup fut guéri. La ‘ hyène lui donna à téter, et l'ayant repris elle s'en alla. ‘ Le lendemain, elle apporta à saint Macarius une grande ‘ peau de brebis. Le saint homme lui dit : Comment aurais-‘ tu pu avoir cette peau, si tu n'avais dérobé une brebis à ‘ quelqu'un ? Ainsi je ne veux pas recevoir de toi un pré-‘ sent que tu ne me ferais pas, si tu n'avais fait tort à ‘ personne. Alors la hyène, baissant la tête et pliant les ‘ genoux devant le saint, continuait de lui présenter cette ‘ peau. Sur quoi il lui dit : Je proteste que je ne la recevrai ‘ point, si tu ne me promets de ne plus faire à l'avenir de ‘ tort aux pauvres en dévorant leurs brebis. A ces paroles, ‘ elle fit signe de tête, comme si elle eût promis au saint ‘ d'obéir à ce qu'il lui commandait, et alors il accepta ‘ cette peau, que la bienheureuse servante de Jésus-Christ, ‘ Mélanie, m'a dit avoir reçue depuis en don de ce grand ‘ saint. Il la nommait le Présent de la hyène. » ’

---

4. — Page 16.

« *Leonis* », sans doute une faute d'impression pour *leones*, qui se trouve dans le texte publié par Migne.

---

5. — Page 17.

‘ Dom Martenne dit : « Quand nous n'aurions pas d'au-‘ tres preuves de la sainteté de Sulpice-Sévère que l'étroite

‘ union qu'il a eue avec saint Martin et avec saint Paulin,
‘ évêque de Nole, nous ne pourrions douter qu'il n'ait été
‘ un des plus grands saints de son temps. »

‘ Les éditions du martyrologe romain de 1591 et de 1613
‘ confondent l'historien de saint Martin avec l'archevêque
‘ de Bourges. Voici comment elles s'expriment : « A Bourges,
‘ fête de saint Sulpice-Sévère, évêque, disciple de saint
‘ Martin, remarquable par ses vertus et par son savoir. »

‘ Lorsque le pape Urbain VIII fit réimprimer le martyro-
‘ loge en 1640, il ne laissa pas subsiter cette erreur, et il
‘ fit effacer seulement ces mots : *disciple de saint Martin.*

‘ C'est donc l'archevêque de Bourges, connu sous le nom
‘ de Sulpice-le-Sévère, que l'Église romaine entend unique-
‘ ment honorer à la date du 29 janvier. Par le fait de
‘ cette suppression, Sulpice-Sévère fut-il réellement dé-
‘ pouillé des honneurs rendus aux saints ? Nous ne le pen-
‘ sons pas. En effet, dans son bréviaire, imprimé en 1685,
‘ Mgr Amelot, archevêque de Tours, n'en continue pas
‘ moins de faire la fête de saint Sulpice-Sévère au 29 jan-
‘ vier; mais dans la légende il n'existe plus aucune confu-
‘ sion, le Saint est honoré comme *confesseur non pontife.*' — *Les Petits Bollandistes, — Tome deuxième, — Saint Sulpice-Sévère, disciple de saint Martin.*

---

6. — Page 35.

The *American Ecclesiastical Review* a donné l'historique des courses de taureaux en Espagne depuis cette bulle de S. Pie V. On en pouvait apprendre que Grégoire XIII, à l'instance de Philippe II, permit à l'Espagne des courses comme on en voit encore en Portugal (annexé par Philippe à ses États), c'est-à-dire avec tout l'apparat des anciennes courses espagnoles, mais sans leur férocité ; que même ces courses mitigées, où, néanmoins, les vieilles pratiques barbares devaient parfois se glisser de contrebande, étaient mal vues de l'Église, et sont devenues de plus en plus rares jusqu'à leur interdiction par Charles IV ; et que les *courses espagnoles* furent rétablies par Joseph Bonaparte, qui, n'ayant rien à espérer du clergé, et pour cause, voyait là un atout dans son jeu pour recommander le nouveau régime à la populace.

---

7. — Page 49.

On lit « *quam* » au lieu de « *quem* » dans la *Theologia Moralis* (V. l'extrait précédent) de Stapf, que cite ici Scavini.

De celui-ci encore sont les points de suspension dans le cours de cette citation.

---

8. — Page 65.

Le Mandement avait primitivement encore les paragraphes suivants :—

‘ Et sera la présente instruction pastorale lue et publiée, ‘ sans commentaire, dans toutes les églises, chapelles et ‘ communautés de notre diocèse, le dimanche qui en suivra ‘ la réception.

‘ Donné à Baume-les-Dames, sous notre seing et le contre- ‘ seing du secrétaire général de notre évêché, le 15 août ‘ 1895, en la fête de l'Assomption de la sainte Vierge, fête ‘ patronale de notre cathédrale et de tout le diocèse. Puisse ‘ cette divine Mère nous regarder encore du haut de son

‘ trône avec des yeux de miséricorde et d'amour, et inspirer enfin au peuple qu'elle aime les sentiments les habitudes de charité, de douceur et de paix auxquels on reconnaît les cités chrétiennes !’

---

9. — Page 70.

Le passage suivant, traduit du grec (peut-être trop littéralement pour prétendre à l'élégance) de Joannes Moschus, religieux et hagiographe assez célèbre du septième siècle, est tiré des *Acta Sanctorum* des Bollandistes, — *Martii Tomus primus*, — *De S. Gerasimo Abbate in Palæstina prope Jordanem.*

‘ Uno fere milliario distat a Jordane monasterium, quod Abbatis Gerasimi dicitur. In hoc monasterium advenientibus nobis narraverunt, qui illic morabantur, senes de Abbate Gerasimo, quod die quadam ambulans super Jordanis ripam, obvium habuit leonem valde rugientem, suspenso pede, cui infixus erat ex calamo aculeus, adeo ut ex hoc pes ipse intumuisset, et sanie plenus effectus esset. Cum igitur vidisset leo senem, ostendebat illi vulneratum ex infixo aculeo pedem, flens quodammodo et obsecrans ut illi curam adhiberet. Cum ergo vidisset eum senex tali necessitate constrictum, sedens apprehendit ejus pedem, aperiensque vulnus eduxit aculeum infixum cum magna putredinis copia, diligenterque depurgato vulnere, et panno alligato, dimisit eum. Leo autem cum se curatum vidisset, noluit senem deserere, sed ut carus discipulus, quocumque pergeret, magistrum sequebatur, ita ut admiraretur senex tantam feræ gratitudinem. Igitur ex tunc senex nutriebat eum; mittens ante illum panem et infusa legumina.

‘ Habebat autem ipsum monasterium asinum unum, ad

‘ ferendam aquam pro necessitate Fratrum de Jordane. ‘ Consuetudinem autem fecerat senex, ut curam pascendi ‘ asini leo haberet. Itaque abiens cum illo juxta Jordanis ‘ ripas, pascentem observabat. Quadam autem die dum ‘ pasceretur asinus, leo se ab illo longiuscule avertit : cum ‘ ecce camelarius ex Arabia veniens, inventum asinum ‘ accepit, et secum duxit. Leo vero, amisso asino, rediit in ‘ monasterium tristis valde, et dejecta facie ac cervice ad ‘ Abbatem suum. Abbas igitur Gerasimus putavit, quod ‘ asinum comedisset leo, et ait illi : Ubi est asinus? Ille ‘ vero quasi homo stabat tacens, et deorsum aspiciens. ‘ Dicit ei senex : Comedisti eum : benedictus Dominus. ‘ Quidquid faciebat asinus, amodo facies tu. Ex tunc ‘ igitur leo, jubente sene, portabat canthelium capien- ‘ tem amphoras quatuor, ferebatque aquam in monas- ‘ terium.

‘ Die vero quadam venit miles quidam ad senem bene- ‘ dictionis gratia. Qui cum videret leonem bajulantem ‘ aquam, didicissetque caussam, misertus est ejus, pro- ‘ ferensque tria numismata dedit senibus, ut emerent ‘ asinum ad ipsius aquæ ministerium, et liberarent ea ne- ‘ cessitate leonem. Brevi autem transacto tempore, post- ‘ quam liberatus a labore fuerat, camelarius ille, qui asi- ‘ num abstulerat, veniebat ferens triticum, ut venumdaret ‘ illud in sancta civitate, habens et asinum secum. Et cum ‘ transisset Jordanem, accidit ut occurreret leoni : quo ‘ viso, dimisit camelos et fugit. Leo, autem, cognito asino, ‘ cucurrit ad eum, et ore, ut solebat, capistrum mordens, ‘ traxit eum tribus camelis, et gaudens simul et rugiens, ‘ quod perditum asellum reperisset, venit ad senem. Senex ‘ vero, qui prius putabat, quod asinum leo comedisset; ‘ tunc vere didicit, quia insidias passus fuisset leo. ‘ Imposuit autem nomen leoni Jordanem. Egit itaque leo ‘ in monasterio cum Fratribus plus quam quinque annos, ‘ numquam recedens a sene.

‘ Cum autem migrasset ad Dominum Abbas Gerasimus,

‘ et a Patribus sepultus esset, per dispensationem Dei leo ‘ tunc in monasterio inventus non est. Post modicum vero ‘ venit leo in monasterium, et quærebat senem suum. Abbas ‘ autem Sabbatius Cilix, qui et discipulus fuerat Abbatis ‘ Gerasimi, viso illo, dixit ei : Jordane, senex noster demi- ‘ sit nos orphanos, et migravit ad Dominum; sed accipe, ‘ et comede. Leo autem comedere nolebat, sed jugiter ‘ huc atque illuc se vertens circumspiciebat, quærens ‘ videre senem suum, ac rugitu magno ipsius absentiam ‘ se ferre non posse significans. Abbas autem Sabbatius, ‘ et senes reliqui fricantes ejus cervicem, dicebant ei : Mi- ‘ gravit senex ad Dominum, et dimisit nos. Sed ista ‘ dicentes non poterant tamen illius voces et ejulatus ‘ mitigare, sed quanto amplius ipsum verbis fovere ac ‘ solari se existimabant, tanto ipse magis ejulabat, majo- ‘ rique rugitu utebatur, et lamenta adjiciebat, ostendens ‘ ex voce, facie, et oculis mœrorem, quem habebat non videns ‘ senem. Tunc ait illi Abbas Sabbatius : Veni mecum, ex ‘ quo non credis nobis, et ostendam tibi, ubi positus est ‘ senex noster. Sumensque eum duxit, ubi illum sepelierant. ‘ Distabat autem ab ecclesia quasi passibus quinque. Et ‘ stans Abbas Sabbatius super sepulchrum Abbatis Gera- ‘ simi, dixit leoni : Ecce hic senex noster sepultus est, et ‘ inclinavit genua sua Abbas Subbatius supra sepulchrum ‘ senis. Cum ergo id leo audisset, et vidisset prostratum ‘ super tumulum Abbatem Sabbatium, et flentem, tunc et ‘ ipse prostravit se, percutiens in terram caput suum vehe- ‘ menter, et rugiens; atque ita continuo defunctus est super ‘ sepulcrum senis. ’

---

10. — Page 73.

‘ Tanta sanctitate pollebat, quod et aves silvestres ad se ‘ venientes manu propria nutriebat. Die autem quadam ‘ cum esset in nemore, canes aprum latratibus excitantes, ‘ cum jam eum gravius perurgerent, fugit ad cellam ‘ S. Mariani; qui ubi canes latrantes audivit, desertis bobus

‘ illuc properans, et canes compescuit, et aprum incolu-
‘ mem abire permisit. ’

***

‘ Ursa quædam, siccis sanguine faucibus catulorum suo-
‘ rum propulsa, consueverat nocturnis horis intra septa ad
‘ juga boum irrepere, et anniculis vitulis insidiari. Quodam
‘ igitur tempore monachi, qui cum eo ad custodiam fue-
‘ rant deputati ; juvenili voluntate ursæ cum catulis ejus
‘ insidiabantur, et laqueis capere voluerunt. Cumque illi
‘ juvenes Mezicliensium, armati contra eam, cupientes
‘ mandare neci, nocte laqueos tetendissent : S. Marianus
‘ hoc præsciens, de lecto surrexit, et clam velox dirigit
‘ gressus, et pergit ad locum, in quo bestia actu sæviens,
‘ pecoribus necem moliens, in laqueos irruens tenebatur.
‘ Cumque stetisset coram ea dixit ; Quid agis, ursa ? quid
‘ facis hic, misera ? Surge velocius, et insidiosas desere
‘ latebras. Tunc ursa cervice reflexa, veluti Deo gratias
‘ agens, humiliter et mansuete discessit, nec unquam visa
‘ est. Marianus monachos sectantes inveniens increpavit,
‘ et ursam incolumem abiisse nuntiavit.’ — *Acta Sancto-rum*, — *Aprilis Tomus secundus*, — *Vita S. Mariani.*

11. — Page 74.

‘ Vir autem Domini, non periculum declinandi causa, sed
‘ ut illius qui homines salvat et jumenta patesceret magni-
‘ ficentia, bestiolam demisit. ’ — *Acta Sanctorum*, — *De S. Marculpho Abbate*, — *Alia Vita.*

12. — Page 96.

‘ Cum esset autem simplex gratia, non natura. ’ — *Acta Sanctorum*, — *De Sancto Francisco Confessore*, — *Vita prima... auctore Thoma de Celano, Sancti discipulo.*

13. — Page 100.

La traduction suivante de ce discours du cardinal Manning fut envoyée à Son Éminence, qui en accusa réception sans la désapprouver.

‘ Je suivrai scrupuleusement l'exemple de notre noble ‘ président, en ne prononçant que très peu de mots.

‘ Le fait de notre réunion sous le toit du lord chief jus- ‘ tice assure aujourd'hui une très haute sanction à notre ‘ œuvre. Nous ne nous serions pas rencontrés en ce lieu, ‘ si une haute intelligence et un jugement des plus sûrs ‘ n'avaient pas sanctionné l'objet de nos efforts, de telle ‘ sorte que nous ne risquons guère d'être mis en suspicion ‘ au nom soit du droit, soit de la sagesse.

‘ Puisque je suis là, le devoir qui m'incombe est de faire ‘ la proposition suivante : « Que le compte rendu n° 2 de ‘ la Société de Victoria Street soit adopté comme le rapport ‘ officiel de ladite Société. »

‘ Je suis très heureux de faire cette proposition, car ‘ depuis deux ans je n'ai pas eu l'occasion d'exprimer ce ‘ que je sens à ce sujet. Il y a des hommes ici présents qui ‘ savent qu'antérieurement je n'hésitais pas à exprimer ‘ énergiquement mes sentiments et mes vœux. Alors ma ‘ conviction n'était pas ce qu'elle est aujourd'hui ; c'est ‘ pourquoi je saisis la première occasion qui m'est offerte, ‘ pour exprimer publiquement ma ferme résolution d'aider, ‘ tant que la vie me sera accordée, à faire disparaître une ‘ pratique que je considérais déjà comme détestable, dé- ‘ pourvue d'utilité scientifique et immorale en elle-même ‘ (Applaudissements), et qui, je suis persuadé maintenant, ‘ ne peut être réglementée. Nous avons fait tous nos efforts ‘ pour cela ; une commission officielle a publié un rapport ‘ très étudié et a déterminé les conditions moyennant les- ‘ quelles cette pratique pourrait être admise ; ce rapport a ‘ servi de base à une législation spéciale, et non seulement ‘ je crois que cette législation n'a rien produit de l'effet ‘ désiré, mais que nous avons été entièrement joués, et ‘ qu'on n'a pas mis la loi à exécution. Je crois enfin que le

‘ temps est venu — et je voudrais seulement que nous en ‘ eussions le pouvoir — où la vivisection doit être prohibée ‘ par la loi sans réserve. (Applaudissements.)

‘ Je suis donc tout prêt à adopter le rapport que j'ai à ‘ la main, et cela pour des raisons exposées dans le rap- ‘ port lui-même, que j'ai lu ce matin avec beaucoup de ‘ soin et d'attention. Une de ces raisons se trouve dans ‘ la requête adressée à M. Gladstone (p. 25), où je lis ‘ « L'acte 39 et 40 *Vict.*, *c.* 77, qui promettait de concilier ‘ les revendications de la science et celles de l'humanité, ‘ s'est montré si peu efficace, que plusieurs des expériences, ‘ citées devant la Commission royale comme étant d'une ‘ cruauté exceptionnelle (notamment celles du Dr Ruther- ‘ ford), ont été répétées en 1878, avec l'autorisation directe ‘ de la loi, tandis qu'en cette même année on a breveté trois ‘ fois plus de vivisecteurs qu'il ne se trouvait d'individus ‘ voués à de telles pratiques d'un bout à l'autre du royaume ‘ en 1875. » Ce passage a été, je crois, écrit après un exa- ‘ men rigoureux et exact des faits, qui prouvent tous lar- ‘ gement ce qui y est affirmé : à savoir que la loi votée, il ‘ y a deux ans, s'est montrée impuissante, et que, ne pou- ‘ vant limiter, nous devons prohiber. (Applaudissements.)

‘ Je lis également dans le même document, que le Dr Lau- ‘ der Brunton a expérimenté sur quatre-vingt-dix chats, ‘ et le Dr Rutherford sur quarante chiens, qui ont été tous ‘ mis à la torture pendant bien des jours ; j'y vois des chiens ‘ et des lapins cuits jusqu'à la mort, au four et à l'étuvée, ‘ par Claude Bernard ; vingt-cinq chiens enduits de téré- ‘ benthine et rôtis vifs par le professeur Wertheim, et je ‘ demande seulement si, au nom de la « science », il est ‘ permis de faire des expériences de ce genre ?

‘ Dans le même document, il est dit, et fort bien dit : ‘ « Ne permettez pas que le nom de science devienne odieux ‘ par la responsabilité d'actes qui, commis en pleine rue, ‘ ne manqueraient pas d'exaspérer même la plus grossière ‘ populace. » Puis encore : « L'historique de la loi qui régit

‘ actuellement cette matière a démontré qu’on s’efforcerait ‘ en vain de séparer l’usage de la vivisection (si usage ‘ légitime il y a) de l’abus. Entre la bride lâchée aux atro- ‘ cités et l’interdiction absolue il n’y a pas de milieu. » En ‘ prohibant la vivisection, « vous préserverez à la fois d’in- ‘ nombrables animaux d’angoisses qui n’ajoutent pas un ‘ médiocre appoint à la somme des misères d’ici-bas, et ‘ les hommes de cette dureté de cœur et de cette mort de ‘ la conscience, contre lesquelles la plus brillante décou- ‘ verte de la physiologie ne serait qu’une bien faible com- ‘ pensation. » Je crois que ces phrases sont à la fois vraies ‘ et d’un grand poids. (Écoutez, écoutez.) Je ne me faisais ‘ pas encore une idée des horreurs qui avaient été com- ‘ mises. A la page 34 du Rapport il est question de la bro- ‘ chure du physiologue Mantegazza au sujet de l’action ‘ de la douleur sur la respiration. Le professeur décrit les ‘ méthodes, dont l’invention lui revient, pour produire la ‘ douleur. Il paraît qu’elles consistent à « planter des clous ‘ aigus et nombreux dans les pieds de l’animal, de manière ‘ à le rendre presque immobile, parce qu’à chaque mouve- ‘ ment le tourment lui serait plus intolérable ». Plus loin il ‘ décrit comment, pour obtenir une douleur encore plus ‘ intense, il a été obligé de produire des lésions suivies ‘ d’inflammation. Un appareil ingénieux, construit par ‘ « notre » T..., de M..., le mettait à même d’empoigner ‘ n’importe quelle partie d’un animal avec des pinces à ‘ dents de fer, et d’écraser, ou de déchirer, ou de soulever ‘ la victime « de façon à produire la douleur de toutes les ‘ manières possibles ». La première série de ses expériences, ‘ M. Mantegazza nous l’apprend, fut pratiquée sur douze ‘ animaux, pour la plupart des lapins et des cochons d’Inde, ‘ dont plusieurs femelles pleines. Une de ces pauvres petites ‘ créatures, presque à terme, fut condamnée à des « *dolori* ‘ *atrocissimi* », de façon qu’il fut impossible de faire au- ‘ cune observation à cause de ses convulsions. Aucune ‘ revendication de la science, ni résultat espéré, rien, rien

‘ ne peut justifier de telles horreurs. (Applaudissements.)

‘ Il faut aussi se rappeler que, si ces tourments raffinés et ‘ sans nom sont des faits certains, le résultat en est pure‘ ment conjectural; le résultat n'a de certain que l'infraction ‘ aux lois les plus élementaires de la pitié et de l'humanité. ‘ (Vifs applaudissements.) Mais, d'autre part, je sais que ‘ sir William Fergusson, que nous avons récemment perdu, ‘ a déclaré que la vivisection n'a pas fait faire à la science ‘ le moindre progrès, et personne n'a eu plus d'expérience ‘ que lui; je sais également que sir Charles Bell, qui ajou‘ tait aux connaissances pratiques de Fergusson un génie ‘ scientifique tout personnel, a aussi laissé ce témoignage, ‘ que la science n'a rien gagné à la vivisection. J'affirme ‘ donc que nous nous fourvoyons, si nous croyons que la ‘ vivisection nous mène sur la vraie voie des découvertes. ‘ (Écoutez, écoutez.) Je suis fermement convaincu qu'il ne ‘ nous reste qu'une chose à faire : c'est de rendre la loi du ‘ pays plus rigoureuse qu'elle ne l'est aujourd'hui.

‘ Que personne ne croie que l'Angleterre soit à l'abri des ‘ énormités commises à l'étranger. J'aime mon pays et mes ‘ compatriotes, mais je me garderai bien de me fier à ‘ l'idée que ce qui a été pratiqué à l'étranger ne l'ait pas ‘ été ou ne puisse l'être chez nous; et, si je pensais qu'il ‘ y eût en ce moment une exemption relative pour l'Angle‘ terre, je dirais : « Prenez garde que nous ne subissions ‘ jamais le contre-coup de ce qui se passe sur le continent, ‘ car il est indubitable que tout ce qui se fait à l'étranger ‘ se fera avant peu parmi nous, à moins que nous ne le ‘ rendions impraticable. »

‘ Une des parties les plus intéressantes de ce rapport est ‘ celle qui annonce que les jeunes gens des deux Universités ‘ se sont occupés de ce sujet, et que, lors de sa discussion ‘ dans l'*Union Debating Society* d'Oxford, les antivivisection‘ nistes ont remporté la victoire. Les opinions de la jeunesse ‘ du jour sont les prophéties de l'avenir, et, si nous pouvons ‘ élever nos jeunes gens dans l'horreur de la cruauté pra-

‘ tiquée au nom de la science, vos mains seront tellement ‘ fortifiées que le jour ne sera pas éloigné où vous serez à ‘ même d'arrêter ce grand mal. (Vifs applaudissements.)’

Ce discours fut prononcé dans une assemblée générale d'une société contre la vivisection dont Son Éminence fut l'un des fondateurs et, jusqu'à sa mort en 1892, l'un des vice-présidents, et qui compte aujourd'hui de catholiques, parmi ses vice-présidents, le cardinal Gibbons, l'archevêque de Tuam, Mgr Bagshawe ancien évêque de Nottingham, et le chef de la famille Weld-Blundell.

---

14. — Page 105.

‘ C'est lui [Bell] qui découvrit que les racines antérieures ‘ de la moelle épinière servent au mouvement et les racines ‘ postérieures à la sensibilité, découverte capitale, qu'il ‘ consigna dans son *Exposition of the natural system of the* ‘ *nerves.*’ — *Dictionnaire universel d'Histoire et de Géographie*, de Bouillet.

Voici le témoignage si important de ce grand découvreur que doit rappeler le cardinal :—

‘ A survey of what has been attempted of late years in ‘ physiology will prove, that the opening of living animals ‘ has done more to perpetuate error than to confirm the ‘ just views taken from the study of anatomy and natural ‘ motions [1].’ — *The nervous System of the human Body.*

1. L'examen de ce qui a été essayé dans ces derniers temps en physiologie démontrera que la dissection d'animaux vivants a plus servi à perpétuer les erreurs qu'à confirmer les notions exactes qui sont venues de l'étude de l'anatomie et des mouvements naturels.

‘ In a foreign review of my former papers, the results ‘ have been considered as a further proof in favour of ‘ experiments. They are, on they contrary, deductions from ‘ anatomy; and I have had recourse to experiments, not to ‘ form my own opinions, but to impress them upon others[1]. ’ — *Ibid.*

‘ I can affirm, for my own part, that conviction has ‘ never reached me by means of experiments on brutes, ‘ neither when I have attempted them myself, nor in reading ‘ what experimenters have done. It would be arraigning ‘ Providence to suppose that we were permitted to pene‘ trate the mysteries of nature by perpetrating cruelties ‘ which are ever against our instinctive feelings[2]. ’ — ***Essay on the Forces which circulate the Blood.***

---

15. — Page 134.

Un ouvrage de Mme Abel Ram qui l'a fait connaître et apprécier en France est sa charmante histoire des Petites-Sœurs des pauvres, *La Merveille du dix-neuvième siècle*, dont elle a encore donné une édition en anglais.

---

1. Dans une appréciation à l'étranger de mes premiers mémoires, les résultats ont été considérés comme une nouvelle preuve en faveur des expériences. Ce sont, au contraire, des déductions de l'anatomie ; et j'ai eu recours aux expériences, non pour former mes propres opinions, mais pour les imprimer dans l'esprit des autres.

2. Je puis affirmer, pour ma part, que la conviction ne m'est jamais venue au moyen d'expériences sur les animaux, ni quand je les ai essayées moi-même, ni en lisant ce que les expérimentateurs ont fait. Ce serait une inculpation de la Providence, que de supposer que nous sommes autorisés à pénétrer les mystères de la nature en commettant des cruautés qui sont toujours en opposition avec nos sentiments instinctifs.

16. — Page 147.

‘ Déjà, par ce qui précède, on peut voir combien sa ‘ nature était tendre et affectueuse. Mais il est bon de la ‘ regarder un peu plus attentivement. Les biographes ‘ notent qu'il fut très tendre de cœur même pour les ani- ‘ maux; ainsi, par exemple, ils nous racontent qu'un Père ‘ de la Congrégation ayant mis le pied sur un lézard, le ‘ saint se fâcha et lui dit : « Cruel, que t'a fait ce petit ‘ animal? » Il me semble voir en cela une nouvelle res- ‘ semblance entre lui et saint François d'Assise, à qui les ‘ animaux étaient si chers. C'est pourquoi le reproche de ‘ saint Philippe à celui qui foula un lézard me rappelle le ‘ reproche que fit saint François à tel qui avait sur les ‘ épaules deux petits agneaux : « Pourquoi fais-tu tant ‘ souffrir mes frères les agnelets, en les portant de cette ‘ façon liés et pendants? » On lit encore de saint François ‘ que les lièvres et les faisans se réfugiaient sous sa tunique, ‘ et les biographes nous disent que les chiens et les oiseaux ‘ ou d'autres animaux en firent autant avec saint Philippe... ’

***

‘... Un autre jour, un petit oiseau ayant été trouvé dans ‘ la chapelle où Philippe disait la messe, il dit à celui qui ‘ le tenait dans sa main : De grâce, ne lui fais pas de ‘ mal, mais plutôt donne-lui la liberté. L'oiseau prit son ‘ essor et s'en alla ; mais le saint, comme s'il s'était re- ‘ penti, ajouta avec douleur : Maintenant, je doute que le ‘ pauvret sache tout seul se procurer sa nourriture. ’ — *Vie de saint Philippe Néri par Son Eminence le cardinal Capécélatro, archevêque de Capoue, traduite sur la seconde édition par le P. Pierre-Henri Bezin* (Poussielgue, 1889).

---

17. — Page 150.

La ponctuation et l'orthographe des dernières lignes sont, sans doute, à corriger d'après le manuscrit, qui doit être aux archives de la Société.

SECOND RECUEIL

TABLE DES MATIÈRES

L'ÉGLISE
ET
LA PITIÉ ENVERS LES ANIMAUX

SECOND RECUEIL

LES « DIALOGUES »
DE
S. SULPICE SÉVÈRE
SUR
un miracle de S. Martin de Tours, patron de la France, en faveur d'un animal sauvage.

PATROLOGIÆ CURSUS COMPLETUS... ACCURANTE J.-P. MIGNE,... SERIES PRIMA,... PATROLOGIÆ TOMUS XX... PARISIIS,... 1845.

***

SULPICII SEVERI DIALOGI.

***

DIALOGUS II. **Sed potius** *Dialogi* I *pars altera.*

***

... Quodam autem tempore, dum diœceses circuiret, venantium agmen incurrimus. Canes leporem sequebantur : jamque multo spatio victa bestiola, cum undique campis late patentibus nullum esset effugium, mortem imminentem jam jamque capienda crebris flexibus differebat. Cujus periculum vir beatus pia mente miseratus imperat canibus, ut desisterent sequi, et sinerent abire fugientem : qui continuo ad primum sermonis ejus imperium constiterunt. Crederes vinctos, immo potius affixos, in suis haerere vestigiis.

Ita lepusculus, persecutoribus alligatis, incolumis evasit[1]...

---

1. V. note 1.

LA « VIE DE S. LAUMER »

PUBLIÉE PAR LES BOLLANDISTES

SUR

la bienveillance de S. Laumer, Abbé de Corbion et patron de Blois, pour les animaux.

ACTA SANCTORUM... EDITIO NOVISSIMA, CURANTE JOANNE CARNANDET... JANUARII TOMUS SECUNDUS... PARISIIS.

***

DE S. LAUNOMARO PRESB. ABB. CURBIONENSI IN GALLIA.

***

VITA

Auctore monarcho Curbionensi anonymo.

***

Hoc quoque pietatis opus non solum circa homines vir sanctus exercuit, sed etiam circa feras brutaque animalia...

S. GRÉGOIRE I « LE GRAND »

SUR

une grande affection de S. Florent de Norcia, patron de Foligno.

ACTA SANCTORUM... EDITIO NOVISSIMA, CURANTE JOANNE CARNANDET... MAII TOMUS QUINTUS... PARISIIS ET ROMÆ... APUD VICTOREM PALMÉ, BIBLIOPOLAM... 1866.

***

DE S. EUTYCHIO ABBATE, ET FLORENTIO MONACHO, NURSIÆ ET FULIGINII IN UMBRIA.

***

VITA **Auctore S. Gregorio Magno.** *Libro* 3 *Dialogorum cap.* 15.

***

Eodem quippe tempore in Nursinæ partibus provinciae duo viri in vita atque habitu sanctæ conversationis habitabant, quorum unus Eutychius, alter vero Florentius dicebatur. Sed idem Eutychius in spiritali zelo atque in fervore virtutis se exercuerat, multorumque animas ad Deum perducere exhortando satagebat. Florentius vero simplicitati atque orationi deditam ducebat vitam. Non longe autem erat monasterium, quod Rectoris sui morte erat destitutum : ex quo sibi monachi eumdem Eutychium præesse voluerunt. Qui eorum precibus ac quiescens, multis annis monasterium rexit, discipulorumque animas in studio sanctæ conversationis exercuit.

Ac ne oratorium, in quo prius habitaverat, solum remanere potuisset, illic venerabilem virum Florentium reliquit. In quo dum solus habitaret, die quadam sese in orationem dedit, atque ab omnipotenti Domino petiit, ut ei illic ad habitandum aliquod solatium donare dignaretur. Qui mox ut implevit orationem, oratorium egressus, ante fores ursum reperit stantem. Qui dum ad terram caput deprimeret, nihilque feritatis in suis moribus demonstraret ; aperte dabat intelligi, quod ad viri Dei obsequium venisset : quod vir quoque Domini protinus agnovit. Et quia in eadem cella quatuor vel quinque pecudes remanserant, quibus omnino deerat, qui pasceret et custodiret ; eidem urso præcepit, dicens : Vade, atque oves has ad pastum elice : ad horam vero sextam revertere. Cœpit itaque hoc indesinenter agere. Injungebatur urso cura pastoralis, et quas manducare consueverat, pascebat oves bestia jejuna. Cum vir Domini jejunare volebat ad nonam, præcipiebat urso eadem hora cum ovibus reverti : cum vero noluisset, ad sextam. In omnibus itaque mandatis viri Dei obtemperabat ursus, ut neque ad sextam jussus redire, veniret ad nonam ; neque ad nonam jussus redire, veniret ad sextam. Cumque diu hoc ageretur, cœpit in loco eodem tantæ virtutis fama longe lateque crebrescere.

Sed quia antiquus hostis, unde bonos cernit

enitescere ad gloriam, inde perversos per invidiam rapit ad pœnam, quatuor viri ex discipulis venerabilis Eutychii vehementer invidentes, quod eorum Magister signa non faceret, et is qui solus ab eo relictus fuerat, tanto hoc miraculo elatus appararet, eumdem ursum insidiantes occiderunt. Cumque hora qua jussus fuerat non rediret, vir Dei Florentius suspectus est redditus, et usque ad horam vespertinam expectans, affligi cœpit, quod is, quem ex simplicitate multa fratrem vocare consueverat, ursus minime reverteretur. Die vero altero perrexit ad agrum, ursum pariter ovesque quæsiturus, quem occisum reperit : sed solicite inquirens, citius a quibus occisus fuerat invenit. Tunc sese in lamentum dedit, Fratrum malitiam magis quam ursi mortem deplorans.

Quem venerandus vir Eutychius ad se deductum consolari studuit : sed idem vir Domini coram eo doloris magni stimulis accensus, imprecatus est, dicens : Spero in omnipotenti Deo, quia in hac vita ante oculos omnium ex sua malitia vindictam recipiant, qui nihil se lædentem ursum meum occiderunt. Cujus vocem protinus ultio divina secuta est. Nam quatuor monachi, qui eumdem ursum occiderunt, statim elephantino morbo percussi sunt, ut membris putrescentibus interirent. Quod factum vir Dei Florentius vehementer expavit, seque ita Fratribus maledixisse timuit. Omni enim vitæ suæ tempore flebat, quia exauditus fuerat, se crudelem, se in eorum morte clamavit homicidam...

LA « VIE DE S. ÉLIE LE SPÉLÉOTE »

PUBLIÉE PAR LES BOLLANDISTES

SUR

la compassion et la bienveillance de S. Élie « le Spéléote », Abbé, pour les animaux.

ACTA SANCTORUM... EDITIO NOVISSIMA... CURANTE JOANNE CARNANDET... SEPTEMBRIS TOMUS TERTIUS... PARISIIS ET ROMÆ... 1868.

***

DE S. ELIA SPELÆOTE ABB. CONF. IN CALABRIA

***

VITA SANCTI ELIÆ AUCTORE DISCIPULO MONACHO... INTERPRETE J. S.

***

Non solum in utentes ratione, eademque secum natura constantes, magno commiserationis ac benevolentiæ affectu ferebatur Sanctus, sed etiam in animantia rationali anima rationeque destituta...

LA « VIE DE S. PATRICE »

PUBLIÉE PAR LES BOLLANDISTES

SUR

un trait de compassion de S. Patrice, apôtre et patron de l'Irlande.

ACTA SANCTORUM... EDITIO NOVISSIMA... CURANTE JOANNE CARNANDET... MARTII TOMUS SECUNDUS... PARISIIS ET ROMÆ... 1865.

***

DE S. PATRICIO EPISCOPO APOSTOLO ET PRIMATE HIBERNIÆ.

***

VITA **auctore Jocelino Monacho de Furnesio.**

***

Post modicum tempus volens vir nobilis Darius ampliorem gratiam exhibere Pontifici sancto, eduxit illum de loco humili in sublimem, de angusto in augustum et amœnum Druymsaileach vocabulo, qui postmodum Ardmachia vocabatur, Angelico sibi præostensa miraculo. S. Patricius loci amœnitatem et opportunitatem considerans et circumiens, cervam cum hinnulo procumbentem invenit, quam comitantes S. Patricium interimere volebant, sed ne hoc fieret, Pater pius prohibuit. Ut enim ostenderet Pater sanctus viscera pietatis, quam erga creaturas Dei habuit, ipse hinnulum memoratum propriis ulnis bajulans manibus palpavit, attrectavit, et usque ad saltum, ad Aquilonarem plagam Ardmachiæ situm transposuit. Cerva quoque, velut ovis mansuetissima, sequebatur misericordem gerulum, donec demissum atque dimissum reciperet fœtum...

LES DOCUMENTS BIOGRAPHIQUES

DE S^TE BRIGITTE

PUBLIÉS PAR LES BOLLANDISTES

SUR

la bienveillance de Ste Brigitte « la thaumaturge de Kildare », patronne de l'Irlande, pour les animaux.

ACTA SANCTORUM... EDITIO NOVISSIMA... CURANTE JOANNE CARNANDET... FEBRUARII TOMUS PRIMUS... PARISIIS... APUD VICTOR PALMÉ, BIBLIOPOLAM,...

***

DE S. BRIGIDA VIRG. SCOTA THAUMATURGA KILDARIÆ ET DUNI IN HIBERNIA.

***

VITA IV BIPARTITA AUCTORE ANONYMO *ex MS. Hugonis Wardæi Ord. Minor.*

***

... Alia die videns S. Brigida anates in quodam amne natantes, et aliquando per aera volantes, accersivit eas ad se. Collecta multitudine, anates, voci sanctissimæ Virginis obedientes, sine ulla formidine mansuetissime ad eam volando venerunt : quas pia Mater per aliquantulum temporis nunc manu sua tergebat, nunc amplectebatur, deinde eas ad sua redire permisit.

***

VITA V AUCTORE LAURENTIO DUNELMENSI *ex MS. Salmanticensi.*

***

Sancta vero Brigida nullum opus servile reputans nisi peccatum, exercitia laborum patienter admittebat, prudenter prosequebatur, laudabiliter consummabat. Proinde tempore quodam viris aliquot hospitio receptis a patre suo, Brigida cibis eorum præparandis accersitur; nec distulit jubentis imperium facto complere. Caldariam enim ignibus superposuit, et caldariæ aquas, aquis vero frusta carnium, quot opus esse videbatur, imposuit. Et dum cœptis instanter assisteret, catulis fœta jacentibus canis una venit ad Virginem, gestibus quibus poterat alimoniam petens. Quid tum ageret Virgo misericors? Numquid indigenti bestiæ præberet alimoniam? Sed carnum earumdem et quantitas et numerus novercam non latebat. Negaret igitur? Sed consolationem indigenti negare, nihil aliud esset quam sibi contraire. Semper enim pia, semper clemens, semper mitis et benigna, tanta semper redundavit misericordia, ut non solum in necessitates hominum, verum etiam compassionem extenderet in indigentiam bestiarum. Unde pluris habens sibi innatam misericordiam, quam crudelitatem alienam, et magis esurienti bestiæ compatiens, quam insaniam novercalem timens, partes memoratarum carnium (neque enim aliud habebat ad manum) esurienti largita est. Secundo quoque similiter venit; et qualem primo talem nihilominus secundo sibi Virginem invenit. Quemadmodum favus melle redundans facili motu liquorem distillat dulcissimum; ita et hæc Virgo plena pietate naturali, facillime inopia flectebatur pietatis.

Cumque postmodum pater ejus cum suis hospitibus ad mensam resideret, fercula carnium elixarum mensæ jussit apponi. Fecit Virgo quod pater imperaverat: fidens enim Deo, carnes comedentibus eas apposuit, inventæque sunt et quantitate et numero excrevisse, quantum prius fuerant misericorditer imminutæ...

LA « VIE DE S. KIÉRAN »

PUBLIÉE PAR COLGANUS

SUR

la bienveillance de S. Kiéran, Évêque de Sagire et patron des diocèses d'Ossory et de Leighlin, envers les animaux des bois.

ACTA SANCTORUM VETERIS ET MAIORIS SCOTIÆ, SEV HIBERNIÆ... PER R : P : F : IOANNEM COLGANUM **In conuentu FF. Minor. Hibern. strictior. obseru. Louanii** S. THEOLOGIÆ LECTOREM IVBILATVM... TOMUS PRIMUS,... LOVANII,... M.DC.XLV...

***

VITA S. KIERANI EPISCOPI ET CONFESSORIS. **Ex Codice Kill-Kenniensi.**

***

Quadam die ibi in prædicta insula Clera, initiū miraculorum S. Kyerani hoc modo diuinitus factum est. Cum iam ipse esset ibi puer, miluus ex aëre descendens, auiculam quamdam super nidum suum cubantem coram S. Kierano apprehendit, & in suis vngulis sursum in aëre rapuit. Hoc videns puer beatus, nimis de hac miseriâ doluit, & orans pro rapta, illicò rapax cum prædicta aue rediit, & auiculam semiuiuam, vulneratam ante se posuit : quæ misera statim in conspectu piissimi pueri secundum velle cordis eius Dei gratiâ sanata est, & cum gaudio super nidum incolumis ante sanctum cubauit.

***

Cum illuc S. Kieranus peruenisset primitus sedebat ibi sub quadam arbore, subtus cuius vmbra aper ferocissimus fuit. Videns aper primo hominem, perterritus fugit, & iterum mitis factus à Domino, reuersus est quasi (*familiaris*) aliàs famulus ad virum Dei; & ille aper primus discipulus quasi monachus S. Kierani in illo loco fuit. Ipse enim aper statim in conspectu viri Dei, virgas & fenum ad materiam cellæ construendæ dentibus suis fortiter abscidit. Nemo enim cum sancto Dei tunc ibi erat, quia solus relictis discipulis suis, ad illam eremum euasit. Deinde alia animalia de cubilibus eremi ad S. Kieranum venerunt, id est vulpes, & Brocus [1], & lupus, & cerua : & manserunt mitissima apud eum, & obediebant ei secundum iussionem viri Dei in omnibus quasi Monachi :

Alia quoque die vulpes, qui erat callidior & dolosior cæteris animalibus, ficones Abbatis sui, sancti scilicet Kierani furatus est, & deserens propositum suum, duxit ad pristinum habitaculum suum in eremo, volens illos ibi comedere. Hoc sciens sanctus Pater Kieranus alium Monachum vel discipulum, id est *Broccum*, post vulpem in

1. V. note 2.

eremum misit, ut fratrem ad locum suum reduceret. Broccus autem cum esset peritus in syluis ad verbum Magistri sui illicò obediens perrexit, & recto itinere ad speluncam fratris vulpis peruenit, & veniens ad eum volentem ficones Domini comedere, duas aures eius & caudam abscidit, & pilos eius carpsit, & coegit eum secum venire ad Monasterium suum, vt ageret pœnitentiam ibi pro furto suo : & vulpes necessitate compulsus simul & Broccus cum sanis fyconibus hora nona ad cellam suam ad S. Kieranum venerunt. Et ait vir sanctus ad vulpem ; quare hoc malum fecisti frater, quod non decet Monachum agere? Ecce aqua nostra dulcis est, & communis, & cibus similiter communiter omnibus partitur, & si voluisses comedere carnem pro natura, Dominus omnipotens de corticibus arborum pro nobis tibi fecisset. Tunc vulpes petens indulgentiam, ieiunando egit pœnitentiam, & non comedit, donec sibi à sancto viro iussum esset : deinde familiaris cum cæteris mansit.

Postea sui discipuli et alii plures ad S. Kieranū in ipso locǫ conuenerunt vndique, & ibi inceptum est clarum Monasterium. Sed prædicta animalia, domestica in vita sua ibi erant ; quia sanctus Kieranus senex libenter ea videbat...

« VIE DE S. BÉRACH »

PUBLIÉE PAR LES BOLLANDISTES

SUR

un trait de compassion de S. Bérach, Abbé et Évêque.

ACTA SANCTORUM... EDITIO NOVISSIMA... CURANTE JOANNE CARNANDET... FEBRUARII TOMUS SECUNDUS... PARISIIS ET ROMÆ...

***

DE S. BERACHIO, SIVE BERACHO, ABBATE ET EPISCOPO IN HIBERNIA.

***

VITA INCERTO AUCTORE **ex MS. edita a Joan. Colgano.**

***

Post hæc evigelante monasterii armentario minus caute erga curam armenti sibi commissi, ecce lupus e vicino loco prædam expectans, rapido cursu irruens, vitulum occidit cujusdam vaccæ, lactis copia superabundantis, secumque tulit, et comedit. Protinus mater vituli horribiles mugitus dabat, et huc illucque quasi insana ferebatur. Sed viro Dei orante, res mira accidit. Lupus enim amissa feritate ad mugientem vaccam revertitur, ac more vituli se mansuetum offerens, cum vacca lambendo, lac abundanter præbebat. Sicque factum est, ut Dei virtute feritas lupina in vitulinam converteretur mansuetudinem, ita quod non ut lupus, sed ut vitulus in posterum vaccæ serviret.

LA « VIE DE S. AIDAN »

PUBLIÉE PAR LES BOLLANDISTES

SUR

des traits de compassion de S. Aidan Médoc, Évêque et patron de Ferns.

ACTA SANCTORUM... EDITIO NOVISSIMA, CURANTE JOANNE CARNANDET... JANUARII TOMUS TERTIUS... PARISIIS...

***

DE S. AIDANO, SIVE MÆDOCO, EPISCOPO FERNENSI IN HIBERNIA.

***

VITA EX DUOBUS VETERIBUS MSS.

***

Quodam die manens S. Maedhog in secreto loco, legensque ibi, lassus cervus venit ad eum, sequentibus eum canibus ; stetitque cervus ante servum Dei, quasi petisset defensionem, sciensque vir Dei caussam ipsius, posuit ceraculum super cornua ipsius : et venientes canes post eum, apparuit eis cervus quasi quoddam simulacrum. Non potentes canes jam eum invenire ibi, nec inde vestigia ejus sequi, reversi sunt. Et sic cervus deponens ceraculum viri Dei de cornibus suis, liber evasit.

***

Quodam die venit S. Maedhog ad monasterium, quod dicitur Seanbhothai, juxta radices montis qui dicitur Scotice Suighe Lagen, id est, Sessio

Laginensium ; et cum iter ageret, venit lupa anhelans nimis et esuriens, familiariter ad eum, vidensque vir Dei eam, ait puero, qui sibi propinquus fuerat : Habesne aliquid cibi ? Respondit puer, nesciens quid vellet Sanctus : Habeo unum panem et partem piscis. Et accipiens vir Dei porrexit lupæ ; erubuitque puer, dicens : Timeo Magistrum meum. Tunc ille ait ei : Fer mihi folia. Reductis foliis benedixit Sanctus ; et divina virtute in usum pristinum conversa tradidit puero, gratias agens Deo.

« VIE DE S^TE PHARAÏLDE »

PUBLIÉE PAR LES BOLLANDISTES

SUR

un miracle de Ste Pharaïlde, patronne de Gand, en faveur d'un animal sauvage.

ACTA SANCTORUM... EDITIO NOVISSIMA, CURANTE JOANNE CARNANDET... JANUARII TOMUS PRIMUS... PARISIIS... APUD VICTOR PALMÉ, BIBLIOPOLAM,...

***

DE S. PHARAILDE VIRGINE, IN BRABANTIA.

***

VITA

***

Ut vero divinæ potentiæ magnitudo clarificaretur, quoddam egregium et memorabile miraculum ob ejus merita divina pietas operari dignata est. Hyemali siquidem tempore, cum pigro et anili passu agrum, quo triticum seminaverat, viseret, aves quasdam aggregatas reperit, quas alii feles, alii miletas, vulgus vero gantas nuncupat, easque velut pecudes domesticas baculo percutiens domum adduxit. Quas ubi domum adduxerat, easque velut oves aggregatas in ovili clauserat ; nullam earum vel lædi, vel interfici permittens, usque in crastinum reservavit incolumes. Verumtamen cum vel vespertino, vel matutino tempore adisset monasterium, unus clientum, ea quidem ignorante, quamdam supradictarum avium interfecit, eamque cum ejusdem familiæ quibusdam consociis comedit. Virgo vero Domini Pharaildis cum a monasterio redisset, prædictarum reminiscens avium, nullam earum permisit jugulari, et ab ovili, quo eas recluserat, cunctas illæsas præcepit relaxari. Quæ cum relaxarentur, et de more anserum, vel gallinarum imperterrito passu graderentur, beata Virgo siquidem vel pari parem requirente, vel numero, sub quo eas cognoverat, deficiente, vel divino monitu præmonente, unam earum abesse cognovit. Quam cum attente perscrutaretur, obnixeque quo abierat, vel quo profugerat indagare conaretur, ejusdem domus puero sibi referente, interfectam comestamque cognovit affore. Quid plura? Avis ossa, plumasque sibi reportari præcipiens, quæ inde reperiri poterant coadunavit, et mirabili stupendaque compositione, avem pene perditam, prorsusque mortuam vivificavit, eamque ad solita pascua relegavit[1].

---

1. V. note 3.

LA « VIE DE S. GUDWAL »

PUBLIÉE PAR LES BOLLANDISTES

SUR

les miracles de S. Gudwal, Évêque de Gand, en faveur d'animaux, et sa bienveillance pour des bêtes féroces.

ACTA SANCTORUM... EDITIO NOVISSIMA, CURANTE JOANNE CARNANDET... JUNII TOMUS PRIMUS... PARISIIS ET ROMÆ... 1867.

***

DE SANCTO GUDWALO EPISCOPO BRITANNO, GANDAVI IN FLANDRIA.

***

VITA **A Monacho Blandiniensi expolita.**

***

Loquamur adhuc magnalia Dei, celebria in miraculis Gudwali sui, quæ non solum in ipsis elementis admiranda, non solum in animabus et corporibus humanis amplectenda, verum etiam in animalibus et bestiis admodum sunt jucunda. Inter quæ, quod de ove, quod de lupis mansuefactis, et tamquam in humanam rationem permutatis, compertum habemus, ad laudem Dei in medium proferamus. Habebantur caulæ ovium in usus monasterii, quibus luporum insidiæ quamplurimum erant infensæ. Unde et contigit, ut die quadam ex oviculis unam, ab ipsis pene lupi faucibus ereptam, ante pedes sancti viri pastor exponeret extinctam. Vir autem Domini in mortua pecude, Christum sicut ovem ad victimam ductum, et sicut agnum coram tondente in passione recolendo mansuetum, conversus ad Dominum dixit : Intret oratio mea in conspectu tuo, inclina aurem tuam ad precem meam, Domine. Tu Domine in figura David servi tui ora leonum dissipantis, brachia ursorum confringentis, ovem perditam eruisti de manu mortis ; quam idem pastor bonus, relictis nonaginta novem in deserto quærens invenisti, et humeris impositam ad gregem reduxisti ; harum memor miserationum, fautor precum nostrarum, super hanc ovem benignus intende ; ut in ejus resuscitatione virtus tua maxima declaretur, quam in ceteris creaturis per nos virtus tua operatur. Scis ergo, Domine, quod ad preces has, magis laude et gloria nominis tui, quam aliqua mortalis fructus cupiditate, provocamur. Oravit : et pastoralis virgæ summitate ovem tetigit, quam levi attactu suscitavit : quæ mox, cunctis Deum glorificantibus, in pedes constitit, et ad gregem suum non sine admiratione multorum repedavit.

Rursus ad Dominum conversus ait : Jube, Domine, cruentum gregis nostri invasorem adesse ; ut et in ipso, quod tuæ gratiæ est, operemur. Quo dicto, ecce lupus, placido cane blandior, recenti adhuc præda cruentatus adest ; quasi conscius commissi, beato viro satisfaciens, et ejus pedibus sese in terram prosternens. Videntes hoc omnes qui aderant Deum laudant, et cum gratiarum actione manus in cœlum levant. Sanctus autem Episcopus, in Domino hilaris effectus ; Recede, inquit, cruenta bestia ; recede, nullaque deinceps læsione oves tuas inquietare præsumas. Quare ad imperium Sancti illico cum mansuetudine recedens, sensum permutat, dum a præfatis ovibus omnem crudelitatem abalienat, quam sua natura feris sævius exacuit. Factumque est, ut post hæc tamquam pastoris functus officio, tanta provisionis cura gregibus interesset, ut lupos trucesque belluas, cum siti sanguinis supervenientes, impetus sui occursu, ore sæviens et dentibus frendens, non segnis abigeret.

Alia item tempestate, lupum in campestribus vidit, tam ambulandi quam etiam currendi invalidum, ægræ molis sarcinam magis trahentem, quam ferentem. Cujus incommodo compassus, levata in altum voce clamavit : Silvatice, simplicium gregium insidians innocentiæ, quid sinistri contigit ? quid asperi accidit, ut naturalis a te recederet celeritas, et non naturalis succederet tarditas ? Ad quem viri sancti sermonem bruto pecori competens sibi ratio accessit, quia intellexit divinitus in se operandum, unde in Christicola plebe nomen Domini esset prædicandum. Ergo qua potuit valetudine accessit, acclini capite venerationem exhibens, reflexa cervice affectum præbens: deinde ungulam pedis spina perforati ostentans, nutu quo poterat quasi preces fundebat, quibus recuperationis suæ remedia exigebat. Vir autem Domini tantam in insensibili pectore rationem perpendens, Deo laudem dixit, Deo gratias egit: et extenso pastoralis virgæ radio, quo ovem mortuam excitavit, claudum bestiæ pedem levi attactu contingens, ait ad Dominum: Homines et jumenta salvabis, Domine. Ad hanc vocem cœlestis medela, in manu viri Dei posita, eadem quæ in divina, quasi per aridam virgam deorsum membro claudicanti demissa est, qua olim in Ægypto virga Moysi, ad peragendum signa et prodigia, perfusa est.

O mira virtus! O valida potentia servorum Dei! quam potens miraculorum, quam efficax curationum! Tunc sanatæ belluæ dixit vir sanctus: Nullam unquam creaturam lædas, sed omnibus diebus tuis fœnum quasi bos carpas: fœno, inquam, utere, siliquis saturare, sicque servata natura innocentiæ, ad solvendum commune mortis debitum tende. Nec defuere quamplurimi qui belluam exinde mansuefactam videre, et exhibitæ sancti Patris imperio obedientiæ testimonium perhibuere. Sunt lacrymæ rerum, et mentem mortalia tangunt. En homo, rationis capax, rationi repugnat; bestiæ, rationis expertes, rationi communicant. Bestiæ, naturaliter insipientes, corporis gestu et animi affectu Deum in Sanctis suis venerantur, homines vero, divinæ mentis haustu naturaliter sapientes, dura cervice et indomabili corde Deum non verentur, Sanctos ejus detestantur...

L' « ÉPITOME DE LA VIE DE S. GALMIER »

PUBLIÉ PAR LES BOLLANDISTES

SUR

la bienveillance de S. Galmier pour des animaux sauvages.

ACTA SANCTORUM... EDITIO NOVISSIMA CUM ANIMADVERSIONIBUS EX TEMPORALIBUS D. PAPEBROCHII NUNC PRIMUM EX MSS EDITIS CURANTE JOANNE CARNANDET... FEBRUARII TOMUS TERTIUS... PARISIIS ET ROMÆ...

* * *

DE S. BALDOMERO

SUBDIACONO LUGDUNI IN GALLIA.

* * *

VITÆ EPITOME

ex MSS eruta a Petro Francisco Chiffletio Societatis Jesu.

* * *

In eodem vero monasterio S. Justi cellulam, in qua habitaret, vilem elegit : in qua habitatione dum esset, tantam ei Dominus dignatus est donare gratiam, ut aves cœli a nullo hominum captæ, aut comprehensæ, juxta consuetam horam refectionis, in ejus manibus cibum venirent assidue sumere : quas cum reficiebat, ita vir Dei monebat, dicens : Reficimini, et Domino cœli benedicite semper...

LA « VIE DE S^TE^ WEREBURGE »

PUBLIÉE PAR LES BOLLANDISTES

SUR

la bienveillance de Ste Wereburge, Abbesse, patronne de Chester, et de Ste Amélie de Temsche, pour des animaux sauvages.

ACTA SANCTORUM... EDITIO NOVISSIMA... CURANTE JOANNE CARNANDET... FEBRUARII TOMUS PRIMUS... PARISIIS... APUD VICTOR PALMÉ, BIBLIOPOLAM,...

***

DE S. WEREBURGA VIRGINE FILIA REGIS MERCIORUM IN ANGLIA,...

***

VITA

AUCTORE GOSCELINO MONACHO

***

... Majora miraculis sunt merita, quibus ipsa fiunt miracula : quia possunt esse perfecta merita absque signis, signa vero nihil sunt absque meritis. At vero multis mirabilibus effulsisse probatur dignissima Virgo, et in Eligensi cœnobio, et quocumque degebat loco. In Weduna autem regio patrimonio suo, quod est in Hamtuna provincia, jocundum et celeberrimum a generatione in generationem hoc ejus miraculum asseritur ab ipsa plebe tota.

Cum in ipsius Wedunæ mansione moraretur regia Virgo, agros ejus solito infinita aucarum indomitarum, quas gantas vocant, depopulabatur multitudo. Nuntiat domesticus ruricola hoc damnum Dominæ suæ. Tunc illa magnanimi fide præcepit illi, ut omnes adduceret, et includeret, more scilicet animalium, quæ depascunt alienas segetes. Vade, inquit, et omnes has volucres introduc huc. Itabat ille altius obstupescens, an garriret, an deliraret hæc jussio. Quomodo enim suspectus advena tot volatilia ire gressibus in vincula cogeret, quibus per cœlum evadere liceret? Quomodo, inquit, ad primum accessum meum in æthera fugientes huc convertam? Tunc Virgo propositum urgens : Vade, ait, quantocyus, et ex nostro jussu omnes adduc in custodiam nostram. Ille timens vel supervacuum dictum divæ præceptricis negligere, post omnes vadit, dicensque illis : Ite, ite ad Dominam nostram ; omnes ante se, ac si captiva pecora, agit. Nulla avis de tanto cœtu pennam levavit sed quasi implumes pulli vel alis excisæ pedetentim se permovebant, pedestri incessu summissis collis velut pro confusione reatus sui adventabant : sic intra curiam judicis suæ trepidæ et suppressæ quasi damnatæ se collegere, ibique ; retruduntur captivæ, vel magis servantur indulgentiæ.

Noctem illam filia lucis, uti consueverat, in hymnis cœlestibus ac precibus perpetuat. Mane omnes advenæ elatis vocibus concrepant ad Dominam, quasi veniam et emigrandi poscentes licentiam. At illa, ut erat erga omnem Dei creaturam benignissima, absolutas jubet dimitti, interminans, ne ultra auderent in hunc locum regredi. Unam autem ex eis quidam ministrorum exiens furto abstulerat, et occuluerat : cumque omnes elatis pennis in aera se sustulissent, seseque circumspiciendo requisissent, damnum contubernii sui una absente percensent. Extemplo universus exercitus supra domum Virginis glomeratur, ingenti strepitu injuriam colegii sui conqueritur : cœlum undique diffusis copiis obtegitur, ut quasi hac voce humana judicium miseratricis suæ implorare viderentur : Quare, Domina, cum omnes nos relaxaverit tua clementia, una ex nobis tenetur captiva? Et potest hæc iniquitas latere in domo sancta tua, et fœda rapacitas valere sub tua innocentia ? Egressa ergo divina Virgo ad murmur tantæ plebis, et querimoniam, intellexit caussam, ac si præfatis verbis auditam. Protinus perscrutatum furtum reus ipse publicat receptamque volucrem suæ genti pia conciliatrix associat, et abire simul prædicta conditione mandat. Quibus nimirum sic gestiebat, dicebat benigno animo : Benedicite volucres cœli Domino. Nec mora ; omnis illa concio ita avolavit, ut nulla hujus generis avicula in ipsa terra almæ Werburgæ, ut famose memoratur, ultra reperta sit. Bene ergo illi pecualis creatura parebat, quæ omnium Creatori tota devotione jugiter obtemperabat. Tale prorsus miraculum in Vita beatissimæ Virginis Amelbergæ[1], quam nostro stylo recudimus, legitur, quatenus in eodem opere eadem fides utriusque, licet diverso tempore et loco exstiterint, comprobetur.

---

1. V. note 4.

LA « VIE DE S. ALDEMAR »

PUBLIÉE PAR LES BOLLANDISTES

SUR

un trait d'humanité de S. Aldemar.

ACTA SANCTORUM... EDITIO NOVISSIMA... CURANTE JOANNE CARNANDET... MARTII TOMUS TERTIUS... PARISIIS ET ROMÆ... 1865.

***

DE SANCTO ALDEMARIO PRESBYTERO ET MONACHO CASINENSI : BUCCIANI IN APRUTIO CITERIORE.

***

VITA

Auctore Petro Diacono Casinensi.

***

Factum est itaque eisdem diebus, ut ad quoddam monasterium proficisceretur, quod in honore sanctæ Dei Genitricis titulatur, ubi eum gravi detinente ægritudine, cum ejusdem cœnobii Fratribus moratus est diutissime. Reddito vero sibi post plurimum temporis munere sanitatis, ad monasterium, cujus regimini præerat remeavit, quamdamque propriam arcam ibi dereliquit, quam innumerabiles cum maximo examine apes, per foramen, quo clavis mitti solita erat, ingredientes, non minimum ibi mellis, favosque composuerunt enormes. Rediens autem illuc non post multos dies Confessor virilis, arcam, quam supra memoravi clausam, aperuit, et intus quod latebat agnovit. Nolens vero piissimus Dei famulus turbationem inferre apibus, illinc abscedere curavit festinus, ne illis domicilium, quod elegerant, per eum auferretur. O admirabilem tanti viri pietatem ! O laudabile exemplum cunctis fidelibus imitandum ! Quantam eum erga homines putas exhibuisse caritatem, qui et brutis creaturis cavit inferre seditionem ?

LA « VIE DE S. NORBERT »

PUBLIÉE PAR LES BOLLANDISTES

SUR

les rapports de S. Norbert, fondateur de l'ordre des Prémontrés, Archevêque de Magdebourg et patron d'Anvers et de la Bohême, avec des bêtes féroces.

ACTA SANCTORUM... EDITIO NOVISSIMA, CURANTE JOANNE CARNANDET... JUNII TOMUS PRIMUS... PARISIIS ET ROMÆ... 1867.

***

DE SANCTO ANTISTITE NORBERTO FUNDATORE ORD. CAN. PRÆMONST. IN GALLIA APOSTOLO CIVIUM ANTUERPIENSUM IN BELGIO ARCHIEPISCOPO MAGDEBURGENSIUM IN GERMANIA...

***

VITA

Auctore Canonico Præmonstratensi coævo.

***

Alio quoque tempore, cum ad ligna cædenda Fratres quidam in silva fuissent, invenerunt lupum capreolum devorantem. Exclamantes autem fugaverunt eum ; et accepta præda, quam lupi rapacitas ceperat, detulerunt secum domi ; et in angulo quodam, nihil mali suspicantes suspenderunt. At lupus, quasi de injuria sibi illata conquerens, sequebatur eos ; et ad ostium domus, quam illi fuerant ingressi, ut canis quilibet domesticus residens, quod sibi ablatum fuerat repetere videbatur. Nescientes autem qui adventabant quid factum fuerat, exclamabant super eum, ut fieri solet, ad effugandum eum. At ille vultu domestico ad eos respiciens, immobilis permanebat, Quod cum Viro Dei nuntiatum fuisset, convocatis cunctis Fratribus, percunctabatur quidnam esset; dicens, quod sine sausa[1] tam rabidum animal mansuetudinis hujus frontem non assumpsisset. Timentes vero Fratres illi qui causæ conscii erant, processerunt in publicum ; et veniam quasi de magno excessu petentes, narraverunt ea quæ gesta erant, et injuriam quam lupo illi intulisse putabant. Quod Vir Dei audiens, Reddite, inquit, ei quod suum est; injuste enim egistis, tollentes quod vestrum non erat. Accepta denique lupus præda sua, neminem lædens in pace recessit.

* * *

... Scitur tamen, quia cum die alia missus fuisset Frater quidam Clericus in agro ad animalia custodienda, lupus eis per totam diem adstitit eo praesente ; et quasi custodiæ ferens solatium, nullam prætendebat feritatem. Cunque, appropinquante vespera, hora esset ut grex introduceretur ; sicut ex altera parte Frater, sic ex altera parte lupus gregem intrare compellebat. Introducto vero grege, cum Frater januam clausisset lupo excluso ;

1. V. note 5.

quasi de illata injuria conquerens, et mercedem debitam sibi reddi postulans, pede, prout poterat, pulsabat ad januam ; pulsabat crebris ictibus, se velle intrare ostentans, et alicujus alimenti portionem percipere. Quod cum Vir Dei audisset, Quare, inquit, pulsanti hospiti non aperitis ? Cui cum responderetur, non hospitem, sed lupuum esse, qui se importune ingerebat, nec pro ipsis omnibus vellet recedere; advocatis Fratribus percunctabatur, qua occasione illuc venisset. Sed cum tacerent omnes, accersito Clerico illo, quem in mane ad custodiendum gregem miserat, sciscitabatur quis juvisset eum in custodia gregis. At ille, indicare quod ei contigerat timens, interrogata tamen celare non præsumens ; Illa, inquit, fera est quæ pulsat ad ostium, quæ hodie mecum fuit, et gregem mihi commissum, ac si commissus ei fuisset, mecum, donec intra januam recluderetur, censervavit [1]. Audiens hoc Vir Dei, Date, inquit, ei aliquod pabulum ; mercedem enim de servitio impenso requirit, quia dignus est mercenarius cibo suo...

---

1. V. note 6.

LA « VIE DE S. GEORGES

ÉVÊQUE DE SUELLI »

PUBLIÉE PAR LES BOLLANDISTES

SUR

un miracle de S. Georges de Suelli en faveur d'animaux sauvages.

ACTA SANCTORUM... EDITIO NOVISSIMA, CURANTE JOANNE CARNANDET... APRILIS TOMUS TERTIUS... PARISIIS ET ROMÆ... 1866.

***

DE SANCTO GEORGIO
EPISCOPO SUELLI IN SARDINIA.

***

VITA

Auctore Paulo...

***

... Hujus sancti viri pietas atque misericordia tanta non ad homines solum, sed ad volantes se effundebat aves. Anhelabant passeres æstuantes siti in loco nimis arido sine spe ulla refrigerationis, quia locus ille est aquarum inanissimus; petram baculo percutit, et fons est egressus tam copiosus, qui nec pluviarum inundatione crescit, nec solis ariditate decrescit, quia plurimum Dominus diligebat hunc Sanctum.

GIRALDUS CAMBRENSIS,

ARCHIDIACRE DE SAINT-DAVID'S,

SUR

un trait de bonté de S. Kévin, patron de Dublin,

SUR

les refuges en Irlande pour les animaux sauvages protégés par S. Béan et par S. Brendan [1],

ET SUR

la bienveillance qu'avait pour eux S. Hugues, Évêque de Lincoln.

GIRALDI CAMBRENSIS OPERA... EDITED BY JAMES F. DIMOCK, M.A.,... VOL. V... LONDON:... 1867.

***

TOPOGRAPHIA HIBERNICA.

***

De miraculis; et primo de pomis, et corvis, et merula sancti Keivini.

***

Sanctus igitur Keivinus, quadragesimali quodam tempore hominum frequentiam ex consuetudine fugiens, solitudine quadam, tugurio modico, quo sole tantum et pluvia defenderetur, soli contemplationi vacans, lectioni et orationi insistebat. Qui cum manum, more solito, per fenestram ad cœlum elevaret, ei forte merula insedit, et quasi nido fungens ova posuit. Cui sanctus tanta patienta et mansuetudine compassus est, ut nec

1. V. note 7.

manum clauderet, nec retraheret; sed usque ad plenam pullorum exclusionem eam infatiganter extenderet et aptaret. In hujus autem signi perpetuam memoriam, omnes imagines sancti Keivini per Hiberniam in manu extensa merulam habent.

***

De mirandis sanctorum refugiis.

In ulteriori Ultoniæ parte sunt montana quædam, in quibus grues et grutæ, avesque variæ, suo in tempore abunde nidificant, propter refugium et pacem non tantum hominibus, verum etiam pecoribus et avibus ab incolis ibidem exhibitam, ob reverentiam scilicet sancti Beani, cujus ecclesia locum illustrat. Sanctus iste miro et inaudito more non tantum aves, sed et avium suarum ova tuetur...

***

In australi Momonia, inter collem Brendani et mare spatiosum quod Hispaniam interluit et Hiberniam, est locus quidam non modicus, uno ex latere fluvio piscoso, altero vero rivulo quodam inclusus: qui, ob reverentiam Sancti Brendani, aliorumque loci illius sanctorum, non tantum hominibus et pecoribus, verum ipsis feris, tam advenis quam indigenis, refugium præstat inauditum. Unde tam cervi, quam apri et lepores, aliæque feræ, cum canes e vestigio sequentes nullatenus effugere se posse præsentiunt, a partibus procul inde remotis ad locum istum quantocius transferentur. Qui ut rivulum pertransierint, canibus ibidem cursum sistentibus, nec ulterius insequentibus, ab omni statim periculo tuti sunt.

Mira Dei virtus, quod sanctorum meritis nec natura vorax, nec venator instigans et præda præcurrens, prædones impios et pertinaces promptam transvehunt ad rapinam.

In duobus refugiis istis, ex longo pacis usu quasi domesticæ, hominum frequentiam aves et feræ non refugiunt.

GIRALDI CAMBRENSIS OPERA... EDITED BY JAMES F. DIMOCK, M.A.,... VOL. VII... LONDON :... 1877.

***

VITA S. HUGONIS.

***

Ibi ergo vir Deo datus, virtutibus et vitæ meritis amplius de die in diem proficere studens, tam simplicem et benignum se cunctis rebus exhibuit, quod aviculas etiam, et mures silvestres, qui vulgari vocabulo Scurelli dicuntur, adeo sibi domesticos efficeret et mansuetos, ut de silva exeuntes, et horam cœnæ quotidie observantes, commensales eos in cellula sua, et non in mensa solum, sed etiam de disco proprio et manu comedentes, sibique fere jugiter assistentes haberet. Compererant enim ipsa quoque quodammodo sylvestria innatam animi ipsius benignitatem et innocentiam. Ideoque se mansuetas exhibere viro simplici et innocuo non formidabant...

***

...Inter cetera vero plurima sanctissimæ suæ conversationis indicia, nec illud reticendum esse censuimus, quod aviculam quamdam, quæ Burneta vocatur, adeo et hic in cellula sua mansuetam habebat et domesticam, ut quotidie ad mensam suam, tanquam innata viri benignitate comperta, de manu ipsius et disco pabulum et escam sumptura veniret. Hoc autem omnibus et singulis anni diebus, præterquam solo nidificationis tempore, faciebat. Per illud enim tempus totum absens existens, naturæ licentius indulgebat : sed quæ solum ab ipso recedebat, quasi moræ diutinæ compensatione reddita, tempore completo cum turba redibat; et pullos, plena jam pennarum et firma maturitate suscepta, more solito ad mensam veniens domino suo præsentabat. Hæc autem viro benigno, per triennium integrum, tam delectabilis et admirabilis quoque vicissitudo duravit; donec, anno quarto, avicula casu aliquo ut creditur exstincta, non absque viri sancti et benigni molestia grandi, jam cessavit.

***

De olore apud Stowam juxta Lincolniam, in primo episcopi adventu, tanquam obviam ei venienti; et miro modo, vel etiam miraculoso, se mansuetissimum ei statim reddente.

Illud etiam, inter cetera ejusdem præconia, silendum esse non censui, quod, sicut tam apud Wittham quam Carthusiam ab aviculis, sic statim et in statu pontificali non ab avicula, sed ab ave grandi et regia, pia et innocua quodammodo viri benignitas est comperta; propter quod et animo miti ac mansuetissimo se mansuetas et quasi domesticas exhibuerunt[1]...

---

1. V. note 8.

LÉON D'ASSISE,

CONFESSEUR ET SECRÉTAIRE DE S. FRANÇOIS D'ASSISE,

SUR

ce que le saint voulait obtenir de l'empereur.

SPECULUM PERFECTIONIS SEU S. FRANCISCI ASSISIENSIS LEGENDA ANTIQUISSIMA **auctore fratre Leone**... NUNC PRIMUM EDIDIT PAUL SABATIER... PARIS... 1898.

***

CAPITULUM DUODECIMUM
DE AMORE IPSIUS AD CREATURAS ET CREATURUM AD IPSUM.

***

Quod volebat suadere imperatori ut faceret specialem legem quod in Nativitate Domini homines bene providerent avibus et bovi et asino et pauperibus. Cap. **114**.

Nos qui fuimus cum beato Francisco et scripsimus hæc, testimonium perhibemus quod multoties audivimus eum dicentem : « Si locutus fuero imperatori supplicando et suadendo dicam sibi ut amore Dei et mei faciat legem specialem quod nullus homo capiat vel occidat sorores alaudas nec faciat eis quidquam mali. Similiter quod omnes potestates civitatum et domini castrorum et villarum teneantur omni anno in die Nativitatis Domini compellere homines ad projiciendum de frumento et aliis granis per vias extra civitates et castra ut habeant ad comedendum sorores alaudæ et etiam aliæ aves in tantæ solemnitatis die, et quod, ob reverentiam filii Dei quem tali nocte beatissima Virgo Maria inter bovem et asinum in præsepio reclinavit, quicumque habuerit bovem et asinum teneatur ipsâ nocte de bonâ annonâ eis optime providere, similiter quod in tali die omnes pauperes debeant a divitibus de bonis cibariis saturari. »

Nam beatus Franciscus majorem reverentiam habebat in Nativitate Domini quam in aliis ejus solemnitatibus dicens : « Postquam Dominus natus fuit nobis oportuit nos salvari. » Propterea volebat quod tali die omnis christianus in Domino exultaret atque, pro ejus amore qui semetipsum nobis donavit, omnes non solum pauperibus sed etiam animalibus et avibus largiter providerent.

LES « ACTES DU B. TORELLO »

PUBLIÉS PAR LES BOLLANDISTES

SUR

la bienveillance du B. Torello de Poppi pour une bête féroce.

ACTA SANCTORUM... EDITIO NOVISSIMA... MARTII TOMUS SECUNDUS... PARISIIS ET ROMÆ... APUD VICTOR PALMÉ, BIBLIOPOLAM.... 1865.

***

DE B. TORELLO SOLITARIO PUPPII IN HETRURIA

***

ACTA

Ex vetusti MS. Puppiensi.

***

Quidam Comes Carolus de Puppio, valde notus B. Torelli, cum sero carnis-privii advenisset, illi scutiferum cum canistro referto carnibus et pane misit, et cum iret dominæ Puppienses dederunt aliqua comestibilia, quæ fratri portaret. Obtulit ergo quæ sibi dederant ; ille benigne recipiens canistrum vacuum reddidit juveni : qui miratus quomodo solus tot absumeret uno sero, ait Torello : Quando tot manducabis cum sis solus? Cui frater respondit : Ita, modo sum solus : sed statim aderit socius meus, qui magnus comestor est : extra enim ivit per nemus. Recede, fili, antequam sero fiat. Accepto canistro juvenis abire simulans, in nemore latuit prope ostium, intra se dicens : Hinc videbo si socium expectabit, optabat enim scire, quis foret. Interim Torellus oravit Deum rogans ut socius adveniret. Sic orante lupus accessit, ore aperto ad ostium ululantique. Torellus aperuit, et carnes quæ sibi latæ fuerant apportavit. Postquam lupus illas abedit, adulari cœpit servo Dei, pedesque super pectus apposuit, et veluti canis Fratrem lambebat propter suam sanctitatem, et quasi ut plura petere videretur. Cui Torellus : Mi frater recede atque in nemus revertere, ibique jubeo ex parte Christi, quod ex tunc nec tu nec alius cuiquam de Puppio, nec de suo territorio nocere præsumatis ; saltem quantum audietur campana Abbatiæ : quo audito, caput inclinans abiit. Juvenis autem qui latuerat, ut quid sequeretur videret, miratus recessit, et quæ gesta fuerant omnibus enarravit.

LE BRÉVIAIRE D'EINSIEDELN

SUR

la bienveillance de S. Gérold de Saxe pour une bête féroce.

ACTA SANCTORUM ORDINIS S. BENEDICTI... SÆCULUM QUINTUM,... VENETIIS,...

***

DE S. GEROLDO EREMITA ET BEATIS CUNONE ET UDALRICO FILIIS EJUS EINSIDLENSIBUS IN RHETIA MONACHIS.

***

Qui detectus ab Ottone Iagbergæ Comite sit Geroldus, Einsidlensis Breviarii lectio 6. docet his verbis. Cœpit postea ædiculam extruere, in qua adeo sancte & innocenter, tantaque in rerum exteriorum penuria vixit, ut Angelorum frui non solum aspectu, sed beneficio etiam meruerit, acceptis ab eis non raro vitæ necessariis. Credidit porro tam illustris lucerna sub modio se latere; sed Ottoni Jagbergæ Comiti insperato illuxit, cum doctus a venatoribus suis fuisset, ursum a canibus agitatum ad sancti viri pedes accurrisse, & solo baculi quo utebatur signo a morsu latratuque canum momento tutum fuisse. Quare accurrens Comes, eum arctissime complexus & magna veneratione prosecutus est, data illi non exigua agri sui portione, ad excitandum hominibus

Dei domicilium ; quod erexit Geroldus, adjuvante in primis urso, quo ad convehenda ferendaque ligna & lapides ceu famulo deniceps utebatur...

CANENSIUS,

ÉVÊQUE DE CASTRO,

SUR

l'humanité du Pape Paul II envers les animaux.

PAULI II. VENETI PONT. MAX. VITA[1] EX CODICE ANGELICÆ BIBLIOTHECÆ DESUMPTA... ROMÆ... MDCCXL...

* * *

... Fuit insuper tam lenis, ac pii animi, ut non solum homines occidi, sed ne ipsa quidem alia alterius generis animantia coram se interfici, aut ad mortem trahi pati posset. Pullos, aliasque aves vivas nunquam coram se occidi voluit, imo plerasque e familiarium manu ereptas, vivas, illæsasque abire permisit. Romæ autem e domus suæ fenestra, Macellarium quempiam trahentem vitulum ad macellum conspicatus, illico ad se Macellarium acciri jubet, discussoque vituli pretio, integre illud Macellario adnumerari fecit, rogavitque, quamprimum ad gregis armenta vitulum vivum deduceret, ac servaret. Per Sutrinam quoque urbem pertransiens visam capram inter Macellarii manus ad occidendum comprehensam, Macellarium ab eo officio retraxit, eique quantum petierat illico tradi, capramque illaesam dimitti, ac servari fecit...

---

1. V. note 9.

LES DOCUMENTS BIOGRAPHIQUES
DE S. FRANÇOIS DE PAULE
PUBLIÉS PAR LES BOLLANDISTES
SUR
la bienveillance de S. François de Paule, fondateur de l'ordre des Minimes et patron de la Calabre, de Tours et de La Havane, pour des animaux, et ses miracles en leur faveur.

ACTA SANCTORUM... EDITIO NOVISSIMA CURANTE JOANNE CARNANDET... APRILIS TOMUS PRIMUS... PARISIIS ET ROMÆ... 1866.

***

DE S. FRANCISCO DE PAULA, **Institutore ordinis Minimorum**.

***

LIBELLUS **De vita et miraculis** S. FRANCISCI, *Scriptus ab uno ex discipulis, quadriennio ante Sancti obitum, ex MS. Gallico Conventus Bruxellensis.*

***

Alio tempore bonus Pater per silvam ambulans, invenit tenellam cervam : quam cum aliqui capere niterentur, vetuit eam tangi, ipseque eidem præscidit auriculæ partem. Hæc multo post, periclitans ne comprehenderetur, fugit ad conventum in cubiculum boni Patris, ac deinceps sequebatur eum quocumque iret, etiam ad ecclesiam, lambens vestes ejus ; eique velut defensori suo blandiebatur ex præfecta articulæ summitate noscenda [1]...

Alio tempore, cum cellæ Fratrum conventus Paulani extruerentur, iidem Fratres convehebant lapides : ipso autem in loco unde lapides eruebantur, examen vesparum repererunt : quæ motis lapidibus subvolantes, tanto cum strepitu irruerunt in Fratres, ut illi cursim aufugientes requisierint bonum Patrem, eidem, tunc vices commentarii obeunti, eventum narraturi. Venit igitur ipse ad locum inquo erant vespæ, et Fratres omnes abire jussit. Abierunt illi, ut obedirent : ast ego N. post ostium substiti, exploraturus quid ageret. Vidi autem, quod omnes illas vespas colligeret, portaretque ad vicinam conventui silvam : quæ deinceps conspectæ non sunt...

***

PROCESSUS INFORMATIVI

AD CANONIZATIONEM.

Ex originalibus authenticis MSS.

***

PROCESSUS CONSENTINUS

***

Eodem die XVIII Julii, Magister Petrus Genuensis dixit, quod cum quidam ex loco Renda venisset Paulam ad d. fr. Franciscum, unde per duodecim millia distabat attulissetque quosdam pisces, in aqua dulci captos, e gula suspensos,

1. V. note 10.

dedissetque eos dono d. fr. Francisco, dixit : Videatis, quemadmodum teneamus captivos istos pauperculos. Et sigillatim eos a corda, unde tenebantur suspensi, depositos conchæ aquæ imposuit : qui depositi statim cœperunt in aqua reviviscere et jocari. Quod miraculum cum ipse testis et alii adstantes vidissent, videlicet quod pisces mortui reviviscerent, cœperunt præ lætitia lacrymari. Agitur annus XL vel circa.

* * *

PROCESSUS CALABRICUS

* * *

Nobilis Philippus Comiglanus, civis terræ Reginæ, cum juramento tactis Scripturis, deposuit, qualiter ipse scit B. Franciscum de Paula ab annis XL qui fuit, erat, et est nominatus sanctæ vitæ ; et scit per famam ipsum fecisse magna miracula. Inter cetera *de piscibus mortuis, in Piscinam projectis et vivificatis, ut in processu Consentino num.* 48. Item cum nonnulli venatores caprum adinvenissent, et eum cum canibus insequerentur, is vero fugeret, et intra crita[1] B. Francisci pro sui tutela se reciperet, et canes eum in tali loco animadvertissent ; non sunt ausi ulterius ad animal capiendum progredi, quin imo retrocesserunt : quæ miracula apud Paulam oppidum facta fuere, jam sunt anni XL....

* * *

1. V. note 11.

SUPPLEMENTUM HISTORICUM AD ACTA S. FRANCISCI DE PAULA, Collectum ex variis auctoribus.

* * *

... Agnellum alebat Sanctus adeo familiarem, ut catelli instar assectaretur blandiens. Hunc operarii quidam, edendæ carnis cupidine allecti, occisum coctumque sic absumpserunt, ut ipsam etiam cum ossibus pellem, ne furtum prodiret, in ardentem calcis fornacem conjecerint. Non tamen latere potuerunt Fratrum aliquos, quibus referentibus simulans Sanctus non exhibere fidem, prompte adfuturum respondit, si vocaretur, agnum : et mox ante os fornacis accedens, Martinellum, Martinellum (hoc ei nomen posuerat) inclamavit ; et ille consueto sibi balatu respondens, prodiit ad stuporem omnium vivus ab igne.

* * *

Porro in primo, quem diximus, fonte grandius aliquid operatus est Deus ; in hunc enim cum Sanctus truttam, sibi dono oblatam, mortuam projecisset : subito viva apparuit, ipsique adeo cicurem se exhibuit deinde, ut ad nomen Antonellæ læta accurreret, et dorsum manu etiam palpandum præberet, frustilla panis sibi objecta comedens. Hanc Sacerdos Paulanus quidam, micas aquæ injectas captantem, facili negotio ad se traxit, sibique in cœnam apparavit. Cognovit revelante Deo auctorem furti Sanctus Pater, unumque e Religiosis suis ad eum misit, qui suo nomine piscem repeteret. Sed responsum Frater inurbanum retulit, factum negantis. Rursum ergo missus, et dicere jussus, piscem jam ab eo coctum esse in cœnam ; quem nisi ita ut erat remitteret, male illi cessurum ; usque adeo Presbyterum deprehensum commovit, ut allatum Fratri ante pedes projecerit, jubens cuicumque luberet apponere. Non potuit minus eo casu fieri, quam ut in partes dissiliret recens ab igne piscis ; quas recolligens ab humo Frater, ad Franciscum detulit. Hic autem ut viventem allocutus, Quam male, inquit, tractata ades, Antonella mea : hic avidioris gulæ fructus est. Nisi micas a Presbytero objectas gulosa vorasses, haud ita tibi accidisset : nunc esto hoc experimento cautior ; et in nomine Domini vitam recipe. Quo dicto rejectisque in aquam frustis, cojere illa vitamque recepere, ac tenuere quamdiu in vivis Sanctus fuit : allato autem ex Francia mortis ejus nuntio, cum trutta non amplius conspiceretur ; compertum est, eodem ipso die illam videri, quo Sanctum vivere desiisse. Presbyter vero, intellecto miraculo furti pœnitens, cum veniam postularet, ex subridentis ore nihil acerbius audivit, quam rem alienam iniquo possessori nunquam utilem esse.

BERETARIUS,

DE LA COMPAGNIE DE JÉSUS,

SUR

la bienveillance du V. Joseph de Anchieta, « l'apôtre du Brésil », pour les animaux.

IOSEPHI ANCHIETÆ SOCIETATIS IESU SACERDOTIS IN BRASILIA DEFUNCTI VITA... A. SEBASTIANO BERETARIO ex eadem Societate descripta... *LUGDUNI,... M.DC.XVII...*

***

LIBER SECUNDUS.

***

SOLITVS est etiam pagos alios obire. In colonia Ianuariensi, montibúsque ad Caput frigidum pertinentibus pantheræ versantur, atque ad vsque litora descendunt. Dum hœc loca solito cum comitatu peragraret, noctéque oppressi mapale sibi de more extruxissent, curatísque corporibus cæteri quiescerent, noctis silentio Pater more suo ad agendum cum Deo è tugurio egreditur, longóque interuallo rediens racemos, seu corymbos pomorum eius regionis, quas *bananas* vocant, accipit; eásque foras proiicit, Brasilico loquens idiomate : Capite vos, ò meæ, dicebat, portionē vestram. Rogatus à fratre, qui illi comes erat, cuinam bananas id noctis proiecisset. Meis, respondet, illis socialbus[1]. Mane facto duarum pantherarum vestigia humo impressa apparent, quæ illi noctu oranti assederant; peractóque spatio orandi ad vsque tugurium redeuntem prosequutæ erant. Divino vtique instinctu hominem ab omni humana labe purum, & diuino charum Numini, pro captu sentientes, ut animantes aliæ adamabant....

Iter cum indigenarum comitatu faciebat, vipera illis obiicitur in itinere (est aûtem huic colubrorum generi veneni virus suprà quàm in Europa notum sit, teterrimum) ea conspecta comites terrore perculsi diffugêre. Reuocat illos Pater, iubétque viperam ad se venire : paret illa, eámque apprehensam sedēs sibi collocat in gremio; manúque demulcens occasionem cepit multa de diuina potentia disputandi, naturam nullam esse demonstrās, quæ non hominis imperio obtemperet, nulla re diuinam legem violanti. Longo sermone in hanc sententiam absoluto, multísque monitis indigenas ad Christianæ legis obediētiam adhortatus, viperam sua benedictione affectā placidè ab se dimisit. Aliam item viperam alio in itinere obuiam habuit, qua exterritus comes pedem referebat : sed reuocatus à Patre fugam continuit. Pater viperam pede calcatam, veluti subsannans, ut se feriret, & iniurias condi-

1. V. note 12.

tori suo factas vlcisceretur, hortabatur. Illa collum erigens caput huc illuc flectebat innoxia. Ita sua in Deum fiducia comiti prælucens, ad mentem in Deum defigendam, eadem ratione, qua alteram, monito adiecto, ne cui hominum noceret, abire permisit.

***

LIBER TERTIUS.

***

MANABAT de Iosepho in vulgus fama, ipsum solitum, cùm iter faceret, porrecto brachio auiculas accersere, iuberéque sibi digito insistere, ac Deum laudare, auésque illi obtemperare solitas, & cùm diu cecinissent, quasi ipsarum penso persoluto, eas verbis illis dimittere. Quando sat Deum laudasti, abi cum pace. Idem fecisse & arundines, cùm in domo Spiritus sancti è fenestra sui cubiculi foras prospectaret. Hæc, aliáque dum in Præfectura Spiritus sancti Societati IESV præfuit, à Patribus, fratribúsque in ipso fere obseruata sunt.

***

LIBER QUARTUS.

***

SED in reditu à piscatione cùm iter facerent ad S. Barnabam, simium praegrandem barbatum (quod iis in locis nouum non est) in arbore insidentem sagitta vnus è piscatoribus confixit, ad cuius casum, stridorémque ingens simiorum grex quasi ad funus patrisfamilias accurrit magna consternatione : tum piscatores eos quoque interficere in cibum adoriuntur ; tam grato enim gustu Brasili illis vescuntur, quàm aliæ gentes hœdiculis, suillis, ac leporibus : nec mirum homines, qui in summa lautitia humanas carnes habeant, à pecude corpore humanam speciem referente non abhorrere. Ab ipsorum tamen cæde Pater piscatores prohibuit ; monitos tantùm, vt è ridiculo pecore ludum captarent, &, quò maiorem piscatoribus oblectationem adderet, simiis lingua Brasilica præcepit, funus suorum ciuium vt prosequerentur : tum pro se quisque multo stridore, & belluino planctu obtemperare cõtendunt ; cùm alii per plana quadrupedarent, alii per arbores ex ramo in ramum, & ex arbore in arborem trãsilientes, exequias & ipsi sublimes prosequerentur : horridísque vocibus, ridiculisq; sannis vtrique, vt poterant, in suum gregẽ grassatoribus iniustas cædes exprobrãtes. Hac funebri pompa miseræ bestiolæ cùm ad duarum ferme leucarum spatium sui gregis hostibus ludibrio, & oblectationi fuissent, ad vicum iam accesserant, ac ne rursus à vicanis violarentur, iussit eas Pater in suas sedes redire : illæ, commeatu accepto, in syluas se receperunt [1]...

---

1. V. note 13.

LA « VIE DE S^TE ROSE »

PUBLIÉE PAR LES BOLLANDISTES

SUR

la bienveillance de Ste Rose de Lima, patronne du Pérou, pour les animaux.

ACTA SANCTORUM... EDITIO NOVISSIMA, CURANTE JOANNE CARNANDET... AUGUSTI TOMUS QUINTUS... PARISIIS ET ROMÆ... 1868..

***

DE SANCTA ROSA VIRGINE EX TERTIO ORDINE S. DOMINICI LIMÆ IN PERUVIA,...

***

VITA

Auctore R. P. F. Leonardo Hansen Ordinis Prædicatorum.

***

CAPUT IX.

***

Aliud Rosæ jam solitariæ privilegium a culicibus fuit, imo obsequium. Ubi anachoretica Virginis cella constiterat, soli humiditas et arbuscularum frequentia infinitam culicum multitudinem aut gignebat, aut trahebat in amicum suo generi umbraculum. Molestum hominibus animal si quod aliud : nam unica sua proboscide, et tubicinem agit et militem, cum non minus feriat tubo, quam tuba ac bombo sopitos infestet ; horum examina et agmina immigrabant Rosæ tugurio, præsertim, quando vel per diem siccantes radii solis, aut sub vesperum serenæ noctis algores tenuissimis corpusculis imminebant. Nec tamen in tot culicum legionibus vel unicus fuit, qui Rosam in sua cellula umquam attingeret. Scatebant his undique parietes, personabat ostiolum, implebatur fenestra perpetuo commeantium refluxu ; sed cavebant singuli, ne Rosæ insiderent, ac velut ex condicto suæ parcebant hospitæ.

Accidit, quod vel mater., vel ex permissione confessarii nonnullæ religiosiores personæ, Rosam in angusto suo habitaculo, de divinis collocuturæ, inviserent : has vero, mox ubi ad januam aut fenestellam consedissent, hostiliter invadebat culicum exercitus ; his faciem et manus obsidere festinabat importuna societas : repellebatur unus, succedebant quaterni, et plerumque ex insidiis etiam incautorum sanguinem hauriebant, relicto pruritus ac tuberculi vestigio. Mirabantur, sub Ægyptia hac plaga, Rosam integros dies immotam consistere ; at stupebant magis, postquam observarunt, in ejus vultu ac manibus nec minimum hujus cruentæ molestiæ signum apparere. Subrisit Virgo, matrique et aliis respondit : « Quando huc intravi, cum culicibus amicitiam, pactumque inii, ne umquam me turbarent aut affligerent, vicissim in nullo me ipsis nocituram. Stetimus utrimque pactis, nec solum communi hoc tecto fruimur sine hostilitate; sed insuper iidem in decantandis Deo laudibus strenue pro modulo suo me juvant. »

Plane sic erat. Nam quotiescumque Rosa primo diluculo reserabat cellulæ portam, et laxabat fenestellæ valvulas, culicibus (quotquot intus ad parietes densi pernoctarant) præcipiebat: « Eia amici, ad laudes omnipotentis Dei »; confestim illi concentu lenissimo erumpebant in bombos, sparsique in gyros varie miscebant arguta murmura, phalange tam ordinata, ac in se flexibus aptissimis retorta, ut credidisses aut chorum aut choreas esse, quibus ratio dux præsideret. Hoc perfuncti officio, evolabant ad pastum: similiter, ubi ad solis occubitum repetebant hospitalem domunculam, rursum instabat Rosa, ut, priusquam se quieti darent, secum tantisper serotinas laudes communi depangerent Creatori. Mox hilares susurri certatim implebant angulos, organique pneumatici modulos gestiebat æmulari volatilis harmonia, donec, jubente Rosa, simul omnes conticescerent velut sub una lege nocturni silentii. Tantum in vilissimas bestiolas imperium statu innocentiæ reservatum fuerat, quem quidem Rosa tam prope attigit, ut in solitudine cellæ versaretur tamquam in paradiso.

Soror Catharina de S. Maria tertii Ordinis S. P. Dominici ac D. Eleonoræ de Castro annosa contubernalis, Rosam in sua eremo visitabat ; sed culicum insolentiam non ferens, unum, qui sanguine jam turgebat, manu occidit. Rosa miranti similis, « Quid agis (inquit) charissima soror? Meos mihi hospites trucidas ? » At Catharina : « Dic potius hostes, non hospites, ecce enim quam sanguine meo plenus sit iste culex. » Replicuit illa : « Quid vero magni est, tantillum animalculum nostro pavisse sanguine, dum ejus Conditor nos suomet toties pascit cruore ? Ergo ne perrexeris meos interimere culices, et ego vicissim tibi spondeo, quod æque tecum uti mecum pacem colent. » Factum est ; nam nullus deinceps ibi culex Catharinam punvit aut suxit...

***

CAPUT XI.

***

... Anno, qui Rosæ ultimus fuit, per totam Quadragesimam sole occiduo advolabat prope adversus Rosæ cubiculum avis parvula, sed mire vocalis ac sonora ; ibique vicinæ arboris frontem occupabat, quasi dato signo eruptura in cantum. Rosa, conspecto hoc suo vespertino choraule, sese et ipsa parabat ad laudes Deo modulandas. Exin, quasi tessera data, invitabat aviculam metro, hunc in usum composuerat, fere hoc sensu.

***

CAPUT XXIII.

***

Plura hujuscemodi curationum miracula in alium tantisper locum tempusque differo; hic, ubi de sola Rosæ misericordia agitur, unum adjicere fas esto, sed lepidum: nam usque ad bruta animantia clemens Rosæ suavitas et tenera extendebatur commiseratio: siquidem teste Salomone Prov. 12 « Novit justus jumentorum suorum animas, viscera autem impiorum crudelia. » Erat Mariæ de Oliva in suo domestico gallinario miræ pulchritudinis pullus gallinaceus, ludebat in ejus tergore et alis versicolor et amœna striatarum plumarum varietas, collum quædam velut purpura decore incinxerat, postrema corporis pro pennarum arcuata venustate in iridem videbantur desinere; denique toti domui una hæc speciosa bestiola in deliciis erat, gaudebantque omnes hanc a matrefamilias nutriri et asservari in spem sobolis, quando crevisset: nam sperabatur illi simillimos fore pullos, quos procrearet. Crevit pullus, sed ea inerat ventricoso pigritia, ut jugiter cubarit humi, et vix umquam visus sit ultro in pedes attolli, numquam auditus cucurire. Pertæsa mater, quod crederet frustra ab ignavo progeniem exspectari, in mensa coram marito et filiis constituit, illo vespere pullum cetera inutilem jugulare, ac postridie comedendum apponere.

Hic adstans juvencula Rosa miserta est bestiæ, et innocenti simplicitate conversa pueriliter ad avem ; « Canta (inquit) mi pulle ; canta, ne moriaris. » Vix Puella verbum protulerat, cum sub oculis omnium pullus repente assurrexit in pedes, alisque fortiter excussis, canore et hilariter cucurivit. Mox altis ac prætumidis passibus totum conclave perambulans, ad Rosæ nutum pluries toto distento pectusculo alacriter cantavit. Risere, quotquot aderant, revocata subito mortis sententia, plaudebat cantu repetito pullus cum plaudentibus, spatiabatur velut alte præcinctus, colloque arrecto stridulus identidem renovabat domesticorum acclamantium cachinnos. Exinde sæpius per diem sonoris cantibus implevit viciniam ; numerabat vices familia, et nonnumquam quindecies cantasse brevi horarii quadrantis spatio, deprehendit. Neque spem matrisfamilias fefellit, cui nimirum paulo post a pulcherrimo hoc gallo pulcherrimi fuere pulli. Tantum vel in bruti animalis salutem valuit unica vox miserentis Rosæ. Profecto et hic quæri posset : Quis dedit gallo intelligentiam, qua obediret sanctæ Puellæ jubenti jugulum dare cantui, ne daret cultro ?...

QUINTANADUEÑAS,

DE LA COMPAGNIE DE JÉSUS,

SUR

la bienveillance de S. Isidore, patron de Madrid, pour les animaux.

SANTOS *DE LA IMPERIAL CIUDAD DE* TOLEDO, *Y SV ARÇOBISPADO:... ESCRIVIOLOS El P. Antonio de Quintanadueñas de la Compañia de Iesus Por orden del eminentis. S. D. Baltasar de Moscoso y Sandoual Cardenal de la S. Iglesia de Roma, Arçobispo de la de Toledo,... Año.* 1651.

* * *

SAN ISIDRO

LABRADOR, NATVRAL, Y PATRON DE MADRID.

* * *

Quando salia al campo à su labor, no solo repartia con los pobres, q̃ encontraua, del trigo que lleuaua para sembrar, sino echaua dèl à puñadas a las Aues, diziendo : *Tomad Auecicas de Dios, que quando Dios amanece, para todos amanece.* Fuerça era desmenguasse con esto el trigo ; pero milagrosamente quando llegaua à la eredad no faltaua grano, hallando los costales tã llenos, como los auia sacado de su casa. Reconociẽdo el celestial Labrador el prodigio ; confusion, no desvanecimiento, le ocasionò ; entregòlo al silencio ; cõsagròlo al agradecimiento, y con nueua confiança, quando empeçaua à sembrar, dezia : *En nombre de Dios, esto para Dios, esto para nos, esto para las Aues, y esto para las hormigas*. Los Labradores circunvezinos, que oian esto, le pregũtauan : *Y tambien para las hormigas?* A que el Santo, embeuida su memoria en la passada marauilla, respondia cõ su sencillez : *Si, que para todos dà Dios.*

***

... Estando aqui vn dia à la puerta de su casa, oy Ermita de su nõbre, viò seguian vnos Galgos vna liebre, y que ya fatigada la iban à los alcances ; èl con gran compassion les dixo : *Galgos, en el nombre de Dios os pido, que dexeis à essa pobrecilla, y no le hagais mal.* Cosa admirable, pararon al punto los Galgos, y quedando libre la liebre se puso en cobro...

***

Superior era la que en Madrid esparcian las eroicas acciones de Isidoro, que aplaudia el cielo con singulares milagros.... Tal fue, que lleuando al molino vn costal de trigo, y viẽdo en el camino se auia en vn arbol recogido vna vandada de palomas, por guarecerse de la inclemencia del tiempo (juzgase neuaua entonces) las llamò diziendo : *Venid Auecitas de Dios, q̃ para todos lo dà Dios*; las palomas batieron el buelo, y comian à porfia. Liberalidad, pue censurada de vn Compañero, que iba con èl, la calificò Nuestro Señor; porque llegando al molino iba tan lleno el costal, como si no uvieran sacado vn grano...

« L'ESPRIT DU BIEN-HEUREUX FRANÇOIS DE SALES »

DE

CAMUS,[1]

ÉVÊQUE DE BELLEY,

SUR

la compassion de S. François de Sales pour les animaux souffrants.

L'ESPRIT DU BIEN-HEUREUX FRANÇOIS DE SALES, EVESQUE DE GENEVE,... DE M. JEAN-PIERRE CAMUS, EVESQUE DE BELLEY,... **Nouvelle édition...** TOME PREMIER...' PARIS,... GAUME FRÈRES, ÉDITEURS-LIBRAIRES,... 1840.

***

PARTIE DEUXIESME.

***

SECTION XXXIV.

Autre compassion.

L'Eglise recommande aux clercs une parfaite mansuetude. C'est pour cela que les ecclesiastiques ne se meslent jamais dans les affaires où il y a du sang. Et le sang, quoy que justement respandu, est une des causes d'irregularité. Nostre bien-heureux Pere excelloit, principalement en cette vertu de douceur; *Et propter mansuetudinem mirabiliter deduxit eum dextera Excelsi*. Les prestres de l'ancienne loy estoient presque tousjours dans le sang, à cause des sacrifices; et la loy de Moyse estoit si severe, qu'on pouvoit en quelque façon dire d'elle, ce que l'on disoit de celles du legislateur Draco, qu'elles estoient escrites avec le sang.

Ceux de la nouvelle ne sont pas ainsi. Car quelques-uns ont estimé que la chasse estoit defenduë aux clercs, non seulement pour l'indecence des causes, et des agitations violentes de cet exercice ; mais parce qu'il se termine dans la mort et dans le sang des bestes poursuivies : afin que par la mesme ils apprissent à éviter toute image de cruauté.

Nostre bien-heureux Pere estant un jour chez moy, on m'avoit donné un chevreuïl tout en vie, qui paissoit dans le verger. Un seigneur de marque nous vint voir, qui trainoit à sa suitte son equipage de chasse : il desira donner le plaisir au Bien-heureux, de voir faire ses chiens apres cette pauvre beste. Il fit ce qu'il pût pour sauver la vie à ce pauvre animal, et mesme ne voulut pas descendre dans le verger, se contentant de regarder ce spectacle, qu'il appelloit carnassier, par la fenestre de sa chambre qui regardoit de ce costé là.

Un grand peuple s'amassa pour prendre part à ce plaisir. Les cors commencent à sonner, les chiens à clabauder ; la pauvre beste est mal menée, et comme si elle eust recogneu son liberateur, elle venoit faire des bonds autour la muraille, au pied de la fenestre où estoit le Bien-heureux, comme si elle eust reclamé son secours. Il se retira, comme la larme à l'œil, suppliant que l'on cessast, comme s'il eust demandé grace pour un criminel.

Il n'en vid pas la fin ; car le pauvre animal avoit eu de si dures atteintes, qu'il fut bien-tost aux abois. On le luy apporta mort ; à peine le pût-il voir : et quand on en servit sur la table, il avoit du regret d'en manger. « Helas, disoit-il, quel plaisir infernal ! C'est ainsi que les demons enragez poursuivent les pauvres ames par les tentations et les pechez, pour les precipiter à la mort eternelle, et on n'y prend pas garde. »

Cela me fait souvenir de ce qu'il escrit luy-mesme de sainct Anselme dans sa Philothée. Voicy ses mots. « On dit que sainct Anselme archevesque de Cantorbie (duquel la naissance a grandement honoré nos montaignes) estoit admirable en ceste practique des bonnes pensées. Un levreau pressé des chiens, accourut sous le cheval de ce sainct prelat, qui pour lors voyageoit, comme à un refuge que le peril éminent de la mort luy suggeroit ; et les chiens clabaudans tout autour, n'oserent entreprendre de violer l'immunité à laquelle leur proye avoit eu recours. Spectacle, certes, extraordinaire, qui faisoit rire tout le train, tandis que le grand Anselme pleurant et gemissant : Ha ! vous riez, disoit-il, mais la pauve beste ne rit pas. Les ennemis de l'ame poursuivie et mal-menée par divers destours en toutes sortes de pechez, l'attendent au destroit de la mort, pour la ravir et devorer; et elle toute effrayée, cherche par tout secours et refuge : que si elle n'en trouve point, ses ennemis s'en mocquent et s'en rient. Ce qu'ayant dit, il s'en alla souspirant. »

Possible, mes Sœurs, que ces esprits du siecle, qui se donnent le nom de forts, estimeront ces remarques foibles : mais outre que l'Escriture ne dédaigne point de parler des renards de Sanson, de l'asnesse de Balaam, du chien de Tobie; la perdrix de sainct Jean, la biche de sainct Gilles, et tant de semblables exemples dans la vie des saincts, monstrent assez que l'on peut tirer de leurs enseignemens de semblables choses. Mais à vous je n'ay que faire de m'excuser; car je sçay que ces simplicitez vous sont de merveilleuse edification.

A propos de cecy, il me souvient de ce que dit sainct Chrysostome, souhaittant que quelqu'un eust remarqué les moindres et plus domestiques actions de sainct Paul, et des autres Apostres; estimant qu'elles eussent beaucoup servy au reglement de la vie des Chrestiens en semblables operations. Je desirerois que l'on eust escrit de quelle façon sainct Paul faisoit ses pavillons, quel commerce il en faisoit : leur reglement au manger, voyager, dormir, travailler, parler, converser, et semblables. Les grandes actions de ceux qui ne sont pas saincts sont fort petites et basses devant les yeux de Dieu, qui voyent, comme grandes, les plus abjects et viles, que les saincts font pour son amour.

Mettez la charité en l'œuvre, tout est bien,
Ostez la charité de l'œuvre, ce n'est rien.

PASTROVICCHI,

DÉFINITEUR PERPÉTUEL DU SAINT-OFFICE,

SUR

la bienveillance de S. Joseph de Copertino pour les animaux.

COMPENDIO *DELLA* **Vita, Virtù, e Miracoli** *DEL* B. GIUSEPPE DI COPERTINO **Sacerdote Professo dell' Ordine de' Minori Conventuali** di S. FRANCESCO... *DEDICATO* ALLA SANTITA' DI N. S. PAPA BENEDETTO XIV... IN ROMA MDCCLIII[1]...

***

... Era poi cosa mirabilissima vederlo ubbidito con somma prontezza dagli irragionevoli animali. Un fanello, cui spesso diceva ,, *loda Dio*, lodavalo col canto ad ogni suo cenno, e al di lui comando subito cessava. Nel dare ad un cardellino la libertà ,, *Và*, gli disse, *godi ciò che Dio ti ha dato, che io per me altro da te non voglio, che quando ti chiamo, torni a lodare insieme il tuo, e mio Dio*: ubbidiente a queste voci quell' augelletto svolazzava nell' orto vicino, e richiamato dal B. Giuseppe, tornava subito a cantar seco le grandezze del Creatore. Un Nibbio, che aveagli ucciso un altro cardellino molto a lui caro, perchè ripeteva, come aveagli insegnato ,, *Gesù, e*

1. V. note 14.

Maria ,, *Fra Giuseppe di l'uffizio* ; tornò subito alle voci di esso, che lo vide; e udendosi così da lui rimproverato ,, *Ah furfante, tu hai ammazzato il mio cardellino, meriteristi che io ammazzassi te*, quasi dolente del suo delitto fermossi sopra la gabbia, e quivi stette, finchè Giuseppe battendolo colla mano ,, *va via,* dissegli, *che te la perdono, ma non far più queste cose*. Morso da' cani arrabbiati un montone divenne arrabbiato anch' esso, tenuto perciò rinchiuso in un orticello, acciocchè non recasse danno a veruno. Entrato a caso in quel recinto il Servo del Signore, e avvisato a guardarsi da quell' animale, sorridendo rispose, *che confidava in Dio*; e rivolto quindi al montone ,, *Pazzo che sei*, gli disse toccandolo, *che fai quà? torna alle tue pecore* ; e fattolo lasciar libero, tornò subito sano, e mansueto alla guida della sua mandra. Marvigliosa egualmente fu l'ubbidienza di una bianca agnelletta mandata da Giuseppe alle Monache di S. Chiara di Copertino, quasi dovess' ella invigilare all' osservanza di quel Monistero ; imperocchè ella era sempre la prima in tutte le funzioni ; parca nel cibarsi ; quieta nel coro ; e solamente sollecita o a risvegliare con urti, e scosse qualche sonnachiosa, o a strappare con le zampe, e co' denti qualche abbigliamento vano, che in alcun' altra vedesse. Morta l'agnellina, disse il Beato di voler mandare alle stesse sacre

Vergini un' augelletto, acciochè a lodare Iddio servisse loro d'incitamento; e così avvenne. Avvegnachè nel tempo de' divini uffizi volava nella finestra del Coro un passere solitario, e quivi dolcemente cantava. Nè quì fermossi la maraviglia; poichè al vedere un giorno altercare due Novizie, s'intrapose il passere, procurando per quanto potea colle ale spase, e co' suoi piccoli artigli dividerle, e quietarle; ma essendo da una di esse maltrattato, e cacciato via, partì, non ostante la lunga assuefazione de quasi cinque anni, senza far più ritorno. Addolorate per tal motivo le Suore, ricorsero a Giuseppe; ed egli ,, *Ben vi sta,* rispose, *perche l'avete voi ingiuriato, e cacciato via? no ci vuol più tornare*: Ma poi mosso dalle loro preghiere promise di rimandarlo, e al primo segno del Coro tornò il passere non solo a cantare sulla finestra, ma ad entrare eziandìo più domestico nel Monistero; e crebbe ancor più lo stupore, quando legato avendogli le Monache per piacere un sonaglino a una gamba, in un Giovedì, e Venerdì santo non lo videro; et fattone ricorso di bel nuovo al B. Giuseppe ,, *Io,* disse, *l'ho mandato per farlo cantare, e non per sonare; non è venuto, perche ha guardato in questi giorni il Sepolcro, ma lo farò tornare*; siccome in fatti tornò quell' animaletto, e continuò lungo tempo. Due lepri similmente in vicinanza del Convento della Grottella ubbidirono al comando del Beato, che disse loro ,, *Non vi partite da qui intorno alla Chiesa della Madonna, perchè vi sono molti cacciatori, che vi vanno appresso*. E tornò loro bene l'ubbidire; perocchè una perseguitata da' cacciatori fuggì nella Chiesa, e quindi in Convento, e rinvenuto Giuseppe gli saltò nelle braccia, ed egli ,, *non te l'ho dett' io*, disselе, *che non ti allarghi da vicino alla Chiesa, perchè ti stracciariano la pelle*? e la salvò da' cacciatori, che la pretendevano: e fu egualmente fortunata ancor la compagna, la quale inseguita da' cani si rifugiò sotto la tonaca del B. Giuseppe, e soppraggiunto poco dopo il Marchese di Copertino, ch' era il principal cacciatore, richiedendo a Giuseppe, se veduta avesse la lepre: *Eccola qui*, rispose, *e non li dar più fastidio*. Poi ,, *Va*, disse all' animale, *salvati in quel cespuglio, e non ti muovere*; obbedendo la lepre, immobili restando i cani, e ricolmo di alto stupore il Marchese co' suoi compagni per tal prodigio [1].

---

1. V. note 15.

LE CARDINAL DONNET,

ARCHEVÊQUE DE BORDEAUX,

SUR

la compassion pour les animaux.

BULLETIN DE LA SOCIÉTÉ PROTECTRICE DES ANIMAUX... OCTOBRE 1866... PARIS...

* * *

EXTRAIT DE L'ALLOCUTION DE S. E. MGR LE CARDINAL DONNET, ARCHEVÊQUE DE BORDEAUX, A LA FÊTE DU COMICE AGRICOLE DE L'ARRONDISSEMENT DE BLAYE, A SAINT-SAVIN, LE 3 SEPTEMBRE 1866, SUR LA COMPASSION POUR LES ANIMAUX.

Messieurs,

Je faisais admirer, il n'y a pas longtemps, au comice de Bazas une ruche d'abeilles ; aujourd'hui je vous entretiendrai d'un sujet qui ne peut manquer d'avoir vos sympathies ; je veux vous rendre bons et compatissants.

Je ne vous parlerai pas du dévouement charitable pour nos frères, je ne vous dirai pas les prodiges de la charité publique et privée. Mais si, comme je me plais à l'attester, vous êtes justes et bons les uns envers les autres, pourquoi ne seriez-vous pas justes, bons et compatissants envers les animaux qui vous aident à féconder vos terres et à transporter vos produits ? Notre empire sur les êtres qui nous entourent vient de Dieu même. Il a plu à Celui qui a fait le monde de nous en donner la royauté et de nous assujettir les animaux : *faciamus hominem et præsit universis animantibus.* Mais Dieu a annexé à l'autorité des devoirs auxquels il n'est pas permis de se soustraire ; en nous soumettant les créatures inférieures, il nous a commandé d'être pleins de pitié à leur égard. Nous ne devons pas tourner contre elles les avantages qui, dans le dessein de la Providence, nous sont départis pour leur sage gouvernement.

La protection due aux animaux existe en germe dans un article tout récent de notre législation, auquel la voix publique a attaché le nom d'un illustre général, enfant de nos contrées. Mais ce serait peu de faire une loi, si le sentiment du devoir n'était pas gravé dans les cœurs, et si le concours que lui prêtent nos écrivains n'avait déjà trouvé un écho dans tous les rangs de la société. *Cette loi ne paraît point avoir reçu, jusqu'à présent, une application suffisante, et n'a pas produit tous les résultats qu'on pouvait en attendre, alors que je vous en parlai trop succinctement une première fois.* Par une circulaire du 20 août 1859, M. le Ministre de l'Intérieur appelle de nouveau l'attention des autorités locales sur la nécessité de prendre des mesures efficaces pour en assurer l'exécution. J'applaudis, pour ma part, aux efforts de tout genre des bulletins mensuels qui se publient en faveur des animaux. Cet élan fait présager que, de la sphère des théories, les idées protectrices passeront dans les mœurs, plus puissantes que les lois.

Comme toujours, l'Eglise s'est placée, par la voix de ses pontifes, à la tête de ce mouvement C'est à elle de le diriger partout où elle pourra se faire entendre. Les passions humaines se révélant par des excès désastreux qui s'étendent sur la nature entière, il est tout simple que la religion les poursuive partout où elles se montrent. C'est en ce sens qu'il a été dit que la vertu de la Rédemption descendait sur toutes les créatures, et que son miséricordieux auteur restaurait l'univers entier. *Instaurare omnia in Christo.* Qui ne reconnaît l'influence de la cupidité et de la colère jusque sur les animaux qui entrent dans le domaine de l'homme ? On ne saurait donc blâmer la parole du prêtre qui, en protégeant ceux-ci, protége aussi leurs maîtres contre ce qui les dégrade.

Le gouvernement des animaux impose à l'homme deux devoirs : celui de les soigner dans les services qu'il en reçoit, et de leur épargner toute souffrance inutile.

Il ne s'agit pas assurément ici de ces soins immodérés qui transféreraient à l'être sans raison une affection, une prodigalité de secours refusés souvent à nos semblables. Mais si nous flétrissons d'inexplicables larmes, d'excessives tendresses, qui ont d'ailleurs un côté aussi peu édifiant que ridicule, nous combattons plus fortement encore l'insensibilité ou l'égoïsme cupide méconnaissant cet avis de saint Paul, que là où le bœuf trace son sillon il est juste de lui ménager la paille de la litière et le foin de la crèche, comme il est inique de l'exténuer par le refus ou la parcimonie de la nourriture : *Non alligabis os bovi trituranti.*

Telle serait l'injustice du propriétaire visant à une absurde économie dans l'entretien de son troupeau ou de ses attelages, spéculant sur des profits de vente par des procédés d'engraissage nuisibles à la santé animale, abandonnant sans surveillance le soin de ses fermes aux serviteurs à gages ; telle serait l'injustice de ceux-ci, laissant détériorer par leur négligence le grain ou l'herbe, spéculant à leur tour, par des soustractions frauduleuses, sur ces pauvres serviteurs impuissants à dénoncer aux maîtres les manœuvres déloyales et cruelles de leurs tyrans salariés ; les livrant sans pitié à l'intempérie des saisons, les abandonnant pendant de longues nuits sur une litière malsaine, leur refusant ces précautions faciles qui écartent les maladies, préviennent les blessures et conservent à la fois la force et la santé.

Tout s'enchaîne, Messieurs, dans l'ordre du mal ; et si nous consentons à dessiner dans leurs traits les plus vulgaires ces tableaux de l'incurie humaine, c'est pour rappeler à des hommes qu'ils ne sont insouciants envers les animaux que parce qu'ils laissent aussi croupir leur conscience dans une honteuse apathie. L'Esprit-Saint dit au paresseux de contempler la fourmi pour avoir honte de son indolence. Nous dirions de même à ces propriétaires avares, à ces fermiers infidèles, de contempler leur parc ou leur bergerie pour reconnaître les résultats de leur insouciance et les maux auxquels ils sont entraînés par le jeu, la dissipation, le désordre de leur conduite.

Le second devoir imposé à l'homme envers les animaux, c'est celui qui est renfermé dans ce mot d'une si vaste application : *humanité*.

Nous sommes, Messieurs, bien éloignés de cette période, trop courte, où l'homme, créé dans l'innocence et la soumission à son Auteur, voyait tous les animaux s'approcher de lui et porter sans défiance le joug de son autorité. Aujourd'hui, tout ce qui vit et respire redoute jusqu'à son ombre et s'enfuit à son approche.

Cette terreur est sans doute une des punitions encourues par le premier péché, qui rompit l'alliance avec Dieu. Mais cette terreur n'est-elle pas aussi notre ouvrage? Une douzaine d'espèces domestiques, depuis l'origine des temps, fait seule exception à la règle. Encore la plupart d'entre elles seraient en droit de nous accuser de barbarie, si elles pouvaient, d'une génération à l'autre, se communiquer la statistique des maux dont elles ont à se plaindre, tantôt par un excès de travail, et tantôt par un excès de mauvais traitements.

L'animal n'a qu'une mesure de force, et son activité est restreinte; ces limites, l'âge et les infirmités les circonscrivent; elles varient d'après le climat et le tempérament. Tant que l'on respecte ces limites pendant une période de temps, les forces gagnent, la vie se dilate et le corps acquiert plus de valeur parce qu'il rend plus de services. Mais si vous dépassez les bornes, vous tentez le Créateur, vous dénaturez son plan providentiel. De là cet axiome révélé par la sagesse divine. *Omnia in numero, mensura, pondere, disposuit Dominus.* Dieu a tout ordonné avec nombre, poids et mesure.

A chaque animal il faut mesurer l'espace à parcourir ; la charge qu'il porte ne doit pas excéder un certain poids ; il n'est apte au travail qu'un certain nombre d'heures dans la journée et de jours dans la semaine. Loi universelle des êtres, divine économie ! On ne la transgresse jamais impunément. Les champs s'épuisent s'ils ne sont renouvelés par le repos. Les couvrir indiscrètement de semence, c'est tarir leur fécondité ; les remuer démesurément, c'est faire évaporer leurs sucs nourriciers. L'agriculture prospère par la loi du repos comme par la loi du travail. Comment les races animales ne seraient-elles pas soumises aux mêmes conditions de vie ou de mort, de mort ou d'amoindrissement, selon qu'on respecte ou qu'on viole à leur égard l'adage déjà cité : *Omnia mensura, numero et pondere, disposuit Dominus.*

Ah ! sans se préoccuper de théorèmes agronomes, ni de méthodes d'alimentation, par le seul fait de l'empire qu'il exerce sur lui-même et des habitudes réglées qu'il a contractées, l'homme religieux devient doux, modéré, humain dans le tribut qu'il prélève sur ses troupeaux. Il suit leurs aptitudes : c'est d'ailleurs la portion ouvrière de son domaine ; c'est son capital productif dans les sueurs de la souffrance ; il y voit des compagnons de ses labeurs, il se garde bien d'en isoler son affection et sa compatissance.

Aussi, partout où la piété évangélique fleurit, elle répand sur les campagnes sa régularité. On la devine dans l'ordre et le silence que gardent brebis, génisses et taureaux, soit en paissant sur la colline, soit en se désaltérant au ruisseau, soit en rentrant à l'étable, soit en traînant charrues ou voitures. Tout est ménagé par la prudence, surveillé avec une sorte d'affection. Il suffit d'avoir parcouru les fermes des Trappistes ou des Chartreux, celles des orphelins de Saint-Louis, de Rions ou de Coubérac, ainsi que les propriétés cultivées par quelques-unes de ces familles patriarcales où les habitudes religieuses se sont conservées, pour constater la direction paternelle du travail et les résultats heureux de cette direction.

On ne saurait trop répéter aux valets de fermes, aux cochers de voitures, aux entrepreneurs de charrois, qu'en accablant de fardeaux trop lourds, qu'en pressant à marche forcée, qu'en victimant, par leurs caprices, de coups déréglés leurs bœufs ou leurs chevaux, ils commettent une barbarie dont ils ne tarderont pas à porter la peine.

* * *

Et maintenant, Messieurs, en faveur, de cette compatissance pour les animaux que je voudrais faire passer dans toutes vos âmes, laissez-moi vous citer un trait qui reposera vos regards des scènes de brutalité dont vous êtes trop souvent les témoins. Je veux vous montrer deux chasseurs dans l'attitude de la sœur de charité, agenouillés, non pas devant un soldat blessé à Solférino, mais devant une grive tombée encore vivante sous le plomb meurtrier de l'un d'eux. Le plus expérimenté voulait appliquer un appareil à la cuisse malade et déjà il en préparait les éléments ; le second plaidait pour un système qui lui avait réussi sur d'autres oiseaux dans la réduction des fractures. Personne ne m'en voudra d'entrer dans ces petits détails ; les conséquences pratiques et salutaires que nous pourrons en tirer sont évidentes pour tout le monde.

Voyez-vous d'ici nos deux médecins improvisés déposer leur malade dans un panier garni d'une mousse épaisse. Une toile est tendue sur le dôme pour l'obscurcir et ôter à la pauvre malade la pensée de s'y heurter le front ; elle se laisse faire. Par des transitions insensibles, elle en vient à regarder sans trembler ceux qui, de ses meurtriers, deviennent ses sauveurs. Or, cette grive endolorie devait avoir son histoire dans les annales d'un château enrichi de tant de souvenirs et qui avait reçu des hôtes bien autrement célèbres. Un jour que la famille était réunie autour de l'oiseau convalescent, on ouvrit un vieux livre qui occupait dans une assez riche bibliothèque la place d'honneur (c'est qu'il avait été écrit par l'ancien maître de ces lieux), et l'on entendit découler des lèvres d'un intéressant lecteur les maximes suivantes.

« Je trouve que nos plus grands vices prennent leur pli dès notre plus tendre enfance, et que notre principal gouvernement est entre les mains des nourrices. C'est passe-temps aux mères de voir un enfant tordre le col à un poulet et s'esbattre à blesser un chien et un chat. Ce sont pourtant les vraies semences et racines de la cruauté... Elles se germent là et s'élèvent assez gaillardement... »

Ce premier maître du château, ce moraliste, ce protecteur, était un ancien maire de Bordeaux : c'était Montaigne.

M. L'ABBÉ DE RAEMY,

CURÉ DU GRAND HÔPITAL DES BOURGEOIS
À FRIBOURG,
SUR

des cruautés envers les animaux.

DISCOURS D'OUVERTURE
PAR
l'abbé CHARLES DE RAEMY, président,

à l'assemblée générale de l'Union romande à Genève,

le 9 octobre 1900.

***

Encore un mot sur la vivisection. Les plus grands médecins, les plus savants professeurs d'anatomie ont dénoncé hautement l'inutilité, disons mieux les abus et les dangers des expériences barbares auxquels on se livre, en certains amphithéâtres, sur des animaux vivants et non anesthésiés. Aussi dénions-nous à tout partisan de ce système le droit de s'intituler protecteur des animaux. Voici du reste la protestation que, comme président de l'Union romande, nous avons adressée au 13e Congrès international qui s'est réuni, du 16 au 20 juin 1900, à Paris :

« Je joins ma protestation à celle de la Société zoophile de Magdebourg contre le parti pris qui tendrait à exclure l'antivivisectionnisme des délibérations du Congrès pour la protection des animaux.

« La vivisection est à nos yeux une des formes les moins acceptables de la barbarie scientifique... Loin d'être nécessaire ou utile au progrès de la science, elle endurcit le cœur des futurs médecins, en leur inspirant la tentation de renouveler sur des sujets humains les expériences qu'ils ont vu pratiquer sur des animaux.

« Par la même occasion et quoique ne nourrissant aucun sentiment d'hostilité contre les juifs, nous protestons contre l'abatage israélite du bétail. Ce mode suranné, qui n'est conforme ni à la lettre ni surtout à l'esprit de la loi de Moïse, devrait être interdit dans tous les pays civilisées.

« Abbé Ch. de Ræmy,

« *Président de l'Union romande.* »

Si nous sommes obligés de mettre à mort les animaux, faisons-le du moins avec douceur et épargnons-leur les affres de l'agonie. Aussi nous joignons-nous à Mgr Besson pour réprouver les combats de taureaux, ces jeux cruels qui, après avoir avili l'Espagne, ont passé les Pyrénées, se sont implantés en France et sont même arrivés aux portes de Paris.

« LES PETITS BOLLANDISTES »
DE
Mgr GUÉRIN
SUR
la bienveillance de SS. Bassien, Humbert de Marolles, Théone, Aldebrand, Fraimbaud, Castor et Gall pour des animaux sauvages.

LES PETITS BOLLANDISTES... VIES DES SAINTS... Par **Mgr Paul** GUÉRIN... SEPTIÈME ÉDITION, REVUE, CORRIGÉE ET CONSIDÉRABLEMENT AUGMENTÉE... TOME PREMIER... PARIS... BLOUD ET BARRAL, LIBRAIRES-ÉDITEURS... 1882.

***

SAINT BASSIEN, ÉVÊQUE DE LODI (413)[1]

Quittant jeune encore Syracuse et la Sicile sa patrie pour venir se faire baptiser à Ravenne, il rencontra une biche et ses deux faons poursuivis par des chasseurs. La mère affolée vint se blottir avec ses deux petits près de Bassien. L'un des chasseurs ayant voulu tuer ces animaux malgré le voyageur qui les protégeait, devint tout à coup possédé du démon[2]. N'est-ce pas là une figure de la protection dont le Saint, devenu évêque, devait plus tard couvrir la faiblesse ?

La ville de Cervia prétend que ce fait eut lieu

1. V. note 16.
2. V. note 17.

non loin de ses murs, et ce serait pour en perpétuer le souvenir qu'elle aurait mis un cerf dans ses armes...

LES PETITS BOLLANDISTES... VIES DES SAINTS... Par Mgr Paul GUÉRIN... SEPTIÈME ÉDITION,... TOME TROISIÈME... PARIS... BLOUD ET BARRAL, LIBRAIRES-ÉDITEURS... 1882.

***

SAINT HUMBERT DE MAROLLES OU MAROILLES, PRÈTRE ET RELIGIEUX (682).

***

« On représente toujours saint Humbert ayant un ours et un cerf à ses côtés... On justifie la présence du cerf en disant qu'un cerf poursuivi alla se coucher auprès de saint Humbert priant dans son oratoire et que, par respect pour le saint homme, les chasseurs firent grâce au pauvre animal. »

LES PETITS BOLLANDISTES... VIES DES SAINTS... Par Mgr Paul GUÉRIN... SEPTIÈME ÉDITION,... TOME QUATRIÈME... PARIS... BLOUD ET BARRAL, LIBRAIRES-ÉDITEURS... 1882.

***

SAINT THÉONE, HOMME DE LETTRES ET ANACHORÈTE (IVe siècle).

***

Les malades affluaient à la cellule du *Prophète*, car c'est ainsi qu'on l'appelait dans toute la contrée d'Oxyrrhynque. Il apparaissait à la fenêtre de sa cellule, étendait sa main bénissante, guérissait la foule, et se retirait sans rien dire. Telle était son occupation du jour. La nuit, il franchissait le seuil de son inviolable demeure : c'était pour distribuer aux bêtes du bon Dieu, aux animaux du désert l'eau limpide de sa fontaine : c'est pourquoi sa cellule était toujours entourée de buffles robustes, de chèvres au pied léger, d'onagres bondissants qui formaient comme une garde d'honneur autour de cet ami de Dieu, ami de la nature en même temps.

LES PETITS BOLLANDISTES... VIES DES SAINTS... Par Mgr Paul GUÉRIN... SEPTIÈME ÉDITION,... TOME CINQUIÈME... PARIS... BLOUD ET BARRAL, LIBRAIRES-ÉDITEURS... 1882.

* * *

SAINT ALDEBRAND, ÉVÊQUE ET PATRON DE FOSSOMBRONE (XIIe siècle).

* * *

Il s'était abstenu de viande toute sa vie : or, voilà que sur ses vieux jours on s'avisa de lui servir une perdrix rôtie, pour restaurer un peu son estomac délabré. Sans rien dire, il bénit l'oiseau et lui ordonna de reprendre sa volée dans les airs ; ce que l'oiseau s'empressa de faire...

LES PETITS BOLLANDISTES... VIES DES SAINTS... Par Mgr Paul GUÉRIN... SEPTIÈME ÉDITION,... TOME NEUVIÈME... PARIS... BLOUD ET BARRAL, LIBRAIRES-ÉDITEURS... 1882.

* * *

SAINT FRAIMBAUD D'AUVERGNE, RECLUS, PATRON D'IVRY, AU DIOCÈSE DE PARIS[1].

***

La réputation de Fraimbaud croissait de jour en jour, et autant il fuyait l'honneur, autant l'honneur le poursuivait; ses nouveaux miracles contribuèrent aussi beaucoup à le rendre l'objet de l'admiration de tout le monde : car il guérissait les malades, éclairait les aveugles, ressuscitait les morts, chassait les malins esprits des corps des possédés, apaisait les tempêtes, calmait les orages, faisait cesser la peste et les autres maladies contagieuses, obtenait des enfants, des biens et d'autres prospérités à ceux qui imploraient son secours avec humilité et avec confiance : on eût dit que Dieu avait résolu de ne rien refuser à ses prières... Tous les jours les oiseaux de la forêt voisine de son monastère venaient pour le récréer avec leurs chants, jusqu'à ce qu'il les congédiât en leur donnant sa bénédiction. Un jour il remarqua qu'ils étaient tristes, quand il les eut congédiés; il les suivit pour voir le sujet de leur tristesse, et s'aperçut qu'ils se réunissaient autour du petit corps inanimé de l'un d'entre eux. Emu de pitié, Fraimbaud étendit la main, fit le signe de la croix, et l'oiseau revint à la vie.

---

1. V. note 18.

LES PETITS BOLLANDISTES... VIES DES SAINTS... **Par Mgr Paul** GUÉRIN... SEPTIÈME ÉDITION,... TOME ONZIÈME... PARIS... BLOUD ET BARRAL, LIBRAIRES-ÉDITEURS... 1882.

***

S. CASTOR DE NIMES, FONDATEUR ET ABBÉ DE MANANQUE, PUIS ÉVÊQUE DE L'ANCIEN SIÈGE D'APT (**vers** 420).

***

Dans les représentations de saint Castor de Nîmes, on voit ordinairement un sanglier près de lui ; c'est pour rappeler qu'un jour qu'il rentrait dans sa ville épiscopale, un de ces animaux, poursuivi par des chiens, se refugia auprès de l'homme de Dieu, et qu'il en obtint la vie sauve.

LES PETITS BOLLANDISTES... VIES DES SAINTS... **Par Mgr Paul** GUÉRIN... SEPTIÈME ÉDITION,... TOME DOUZIÈME... PARIS... BLOUD ET BARRAL, LIBRAIRES-ÉDITEURS... 1882.

***

SAINT GALL D'IRLANDE, FONDATEUR ET PREMIER ABBÉ DU MONASTÈRE BÉNÉDICTIN DE S.-GALL, EN SUISSE

***

Après sa guérison, l'amour de la solitude le portant à chercher une autre retraite que celle de Brégentz, lui fit demander quelque lieu écarté à Hiltibod, diacre de Willimar, qui avait une connaissance très particulière de tout le pays...

La prière finie, les deux pèlerins prirent leur nourriture avec actions de grâces, au soleil couchant, et puis ayant prié de nouveau, ils se couchèrent par terre pour reposer quelque peu. Quand le saint homme crut son compagnon endormi, il se prosterna en forme de croix devant le reliquaire et pria le Seigneur avec beaucoup de dévotion. Cependant un ours, descendu de la montagne, ramassait avec soin les miettes échappées aux deux convives. L'homme de Dieu, voyant ce que faisait la bête, lui dit : « Je t'ordonne, au nom du Seigneur, prends du bois et mets-le dans le feu. » A ce commandement, la bête alla prendre un morceau de bois très considérable et le jeta dans le feu. Sur quoi le saint homme tire de la panetière un pain tout entier, le donne au nouveau servant et lui dit : « Au nom de Notre-Seigneur Jésus-Christ, retire-toi de cette vallée et aie en commun les montagnes et les collines environnantes, sous la condition que tu ne feras de mal ici à aucun homme ni à aucune bête. » Cependant le diacre, qui faisait semblant de dormir, considérait avec étonnement ce qui se passait...

L'« HAGIOGRAPHIE DU DIOCÈSE D'AMIENS »
DE
M. LE CHANOINE CORBLET
SUR
la bienveillance de SS. Colette, Josse et Riquier pour les animaux.

HAGIOGRAPHIE DU DIOCÈSE D'AMIENS, PAR L'ABBÉ J. CORBLET, **Chanoine honoraire et Historiographe du Diocèse d'Amiens...** TOME PREMIER... PARIS... J.-B. DUMOULIN, LIBRAIRE... 1868.

***

Ste COLETTE RÉFORMATRICE DES TROIS ORDRES DE S.-FRANÇOIS.

***

... Pour tout concilier, nous avons pris le parti de publier une œuvre inédite de l'an 1448, la *Vie de Ste Colette*, rédigée par son dernier confesseur, Pierre de Vaux, frère mineur réformé. C'est un document d'autant plus important qu'il a servi de base, soit dans sa langue originale, soit dans la traduction latine qu'en a faite Étienne Juliac, à tous ceux qui ont écrit la Vie de Ste Colette, ou qui lui ont consacré une place plus ou moins grande dans les recueils hagiographiques ou dans d'autres ouvrages généraux.

***

« ... Une fois, lui fut apportée une moult belle et petite alouette; laquelle pour sa pureté et sa dénomination, selon l'estimation d'aucuns, est appelée alouette, pour la louange qu'en chantant elle fait à Dieu, et aussi pour tant qu'elle (*ne*) vit point de pourvoyance (*provisions*), selon la pauvreté évangélique. Elle prit si grand plaisir en elle et la voyait si volontiers que, quand elle prenait sa réfection, la petite alouette la venait prendre avec elle, et buvait et mangeait auprès, comme si elle eût été avec les autres oiseaux de son espèce. Et bien souvent sont venus plusieurs beaux et nets oiseaux près de son oratoire, et approchaient si près de sa personne qu'elle les pouvait prendre chantant mélodieusement. Et prenaient plus sûrement et familièrement leur petite réfection qu'ils n'eussent fait aux champs ou aux bois avec les autres oiseaux de leur espèce ; et cela, pour la convenance qu'elle avait avec eux en pureté [1].

« Une fois lui fut apporté par dévotion un beau petit agnelet, lequel, tant pour sa netteté, comme pour la signification du doux Agnel sans tache de péché, elle l'accepta et reçut. Duquel plusieurs fois son esprit fut consolé et conforté, d'autant que toutes les fois que le dit agnelet était présent à l'élévation du très-précieux corps de Notre-Seigneur, il mettait de lui-même, sans aucune industrie (*étrangère*), les deux genoux des jambes de devant à terre et adorait son benoît Créateur. »

HAGIOGRAPHIE DU DIOCÈSE D'AMIENS, PAR L'ABBÉ J. CORBLET, **Chanoine honoraire et Historiographe du Diocèse d'Amiens...** TOME TROISIÈME... PARIS... J.-B. DUMOULIN, LIBRAIRE... 1873.

***

S. JOSSE [2]...

***

Grâce à la ferveur de ses oraisons et à la rigueur de ses jeûnes, S. Josse parvenait à paralyser les

1. V. note 19.
2. V. note 20.

efforts que faisait le démon pour perdre son âme. Sa vie était si pure que les priviléges du paradis terrestre semblaient revivre pour lui. Les animaux ne fuyaient pas sa présence : tout au contraire, les oiseaux et les poissons venaient familièrement manger dans sa main.

Si le pieux solitaire se montrait plein de douceur envers les animaux, à plus forte raison était-il animé d'une tendre charité envers ses semblables. Sa bienfaisance dépassait même souvent les limites de la prudence humaine...

***

S. RIQUIER, ABBÉ DE CENTULE.

***

Les animaux eux-mêmes, ajoute Hariulfe, lui témoignaient leur confiance affectueuse. Quand notre Saint mangeait, les oiseaux venaient l'entourer, se perchaient sur ses genoux et sur ses épaules et, quand ils avaient obtenu quelques mies de pain, ils manifestaient leur joyeuse reconnaissance par leurs chants et leurs battements d'ailes.

LES « CARACTÉRISTIQUES DES SAINTS »

DU

RÉV. P. CAHIER,

DE LA COMPAGNIE DE JÉSUS,

SUR

la bienveillance de SS. Qué, Catherine de Suède et Gérard de Brogne, et du B. Albert de Sienne pour des animaux sauvages.

CARACTÉRISTIQUES DES SAINTS DANS L'ART POPULAIRE ÉNUMÉRÉES ET EXPLIQUÉES PAR LE P. CH. CAHIER, DE LA COMPAGNIE DE JÉSUS... TOME PREMIER... PARIS... LIBRAIRIE POUSSIELGUE FRÈRES... 1867.

***

SAINT QUÉ, Quay, ou KÉNAN (*Colodocus*), ermite ou même abbé irlandais venu en Bretagne. On prétend qu'il était évêque ; 7 octobre 495. Près de lui une charrue attelée de huit cerfs. Un cerf poursuivi à la chasse s'était jeté dans l'ermitage du Saint, et celui-ci refusa de livrer le réfugié. Le chasseur (un seigneur celte), irrité, prétendit compenser sa perte en mettant la main sur sept bœufs et une vache qui formaient tout le bétail du monastère. Le lendemain huit cerfs vinrent se mettre à la disposition du serviteur de Dieu pour remplacer les animaux domestiques que lui avait coûtés le salut d'un de leurs congénères.

CARACTÉRISTIQUES DES SAINTS DANS L'ART POPULAIRE ÉNUMÉRÉES ET EXPLIQUÉES PAR LE P. CH. CAHIER, DE LA COMPAGNIE DE JÉSUS... TOME SECOND... PARIS... LIBRAIRIE POUSSIELGUE FRÈRES... 1867.

***

Le B^x^ ALBERT DE SIENNE, camaldule ; 7 janvier, 1181. Un jour qu'il travaillait dans la campagne, un lièvre qui était près de lui se laissa prendre ; et plus tard le même animal, poursuivi par les chasseurs, se réfugia vers l'homme de Dieu qui le fit entrer dans sa manche, jusqu'à ce que les chasseurs fussent partis. Alors il lui laissa le champ libre pour regagner son gîte. On dit que comme ses confrères semblaient vouloir profiter de ce gibier, il leur répondit : « Nous ne nous sommes donné aucune peine pour le prendre, et il ne nous a fait aucun mal, de quel droit nous l'attribuerions-nous [1] ? »

Les saints ont souvent montré leur affection, en pareil cas, pour les pauvres petites créatures de Dieu que l'homme s'amuse à poursuivre ou à tourmenter en manière de passe-temps, aussi aurais-je bien pu (ou même dû) citer à cette occasion SAINTE CATHERINE DE SUÈDE [2] (Cf. *supra*, p. 189). Ce qui en a été dit pour une biche ou une daine, appartient réellement à son histoire ; mais

1. V. note 21.
2. V. note 22.

je ne saurais affirmer si les imagiers du vieux temps avaient en vue l'un ou l'autre trait. On raconte donc que, comme elle traversait un bois pendant que son époux chassait, la daine pressée par les chiens se jeta vers notre Sainte, qui obtint congé pour cette charmante bête.

***

SAINT GÉRARD DE BROGNE, abbé. (Cf. *Apparitions de saints*, p. 61.) Un poisson est jeté à ses pieds par un oiseau de proie. Le Saint, en voyage, continuait son jeûne pendant que ses compagnons prenaient leur repas, et donnait pour prétexte qu'il lui aurait fallu du poisson. La provende inattendue enleva toute excuse à cette mortification que le Ciel jugeait sans doute indiscrète. Mais l'homme de Dieu voulut au moins qu'une partie du poisson fût réservée, pour que l'oiseau de proie pût porter quelque chose à ses petits[1].

1. V. note 23.

L' « HISTOIRE DE SAINTE SOLANGE »
DE
M. LE CHANOINE BERNARD,
AVOCAT DE SAINT-PIERRE DE ROME,
SUR
la douceur de Ste Solange, patronne du Berri, envers les animaux.

HISTOIRE DE SAINTE SOLANGE, VIERGE ET MARTYRE, PATRONNE DU BERRY... PAR L'ABBÉ JOSEPH BERNARD... SOCIÉTÉ GÉNÉRALE DE LIBRAIRIE CATHOLIQUE... PARIS... VICTOR PALMÉ... M D CCC LXXVIII.

***

CHAPITRE VIII

***

Ses brebis, pour être conduites, n'avaient pas besoin de coups. Si parfois elles s'égaraient dans les champs d'alentour, la jeune bergère n'avait pas besoin de courir après elles, ni de les effrayer par ses clameurs, ni de les chasser avec sa houlette; mais doucement, suavement, sans cris et sans colère, elle les rappelait, comme font les anges, par la simple manifestation intérieure de sa volonté; elle n'avait qu'à les chercher du regard de son âme, et on les voyait accourir avec empressement se ranger autour de leur douce maîtresse.

Les oiseaux des champs autour d'elle voletaient sans crainte, et comme plus tard *les oiseaux du bois chenu* sur les épaules de la bergère de

Domremy, ils venaient se poser sur les épaules ou sur la chevelure blonde de la vierge de Villemond, et il est à croire qu'ils conversaient avec elle comme des frères avec la sœur des anges.

LA « VIE DE SAINT BERNARD »

DE

M. L'ABBÉ VACANDARD,

DOCTEUR EN THÉOLOGIE,

SUR

la compassion de S. Bernard, Père et Docteur de l'Église, pour les animaux souffrants.

VIE DE S. BERNARD, ABBÉ DE CLAIRVAUX, PAR L'ABBÉ E. VACANDARD, DOCTEUR EN THÉOLOGIE... TOME SECOND... PARIS... LIBRAIRIE VICTOR LECOFFRE... 1895.

***

« Quand Dieu créa le cœur de l'homme, dit Bossuet, il y mit premièrement la bonté. » Comme toutes les natures augustes, Bernard fit valoir excellemment ce don : la bonté chez lui domine tous les autres sentiments. Cet homme, si dur à lui-même, ne peut contempler une douleur, une faiblesse, une infirmité, physique ou morale, sans être saisi d'une immense compassion. Rien de ce qui est humain ne lui demeure étranger. Aux vivants il donne des conseils, des consolations, des soins et des remèdes ; aux morts il donne des prières et des larmes : on a remarqué qu'il n'avait jamais pu assister aux obsèques d'un étranger sans pleurer. Son humanité, nous dit son biographe, s'étendait jusqu'aux animaux sans raison et jusqu'aux bêtes sauvages. A la vue d'un lièvre poursuivi par des chiens ou d'un pauvre oiselet menacé par un oiseau de proie, son cœur se serrait; il ne pouvait se tenir de tracer en l'air un signe de croix, afin de sauver les innocentes petites bêtes; et toujours sa bénédiction leur portait bonheur.

... On se rappelle le beau mot qui lui échappa dans une de ses lettres : « Si la miséricorde était un péché, je crois que je ne pourrais pas m'empêcher de le commettre [1]. »

---

1. V. note 24.

L' « HISTOIRE DE SAINT FRANÇOIS D ASSISE »

DE

M. L'ABBÉ LE MONNIER,

CURÉ DE SAINT-FERDINAND DES TERNES,

SUR

la compassion et l'affection de S. François d'Assise pour les animaux.

HISTOIRE DE S. FRANÇOIS D'ASSISE PAR L'ABBÉ LÉON LE MONNIER, **Curé de Saint-Ferdinand des Ternes**... TOME SECOND... PARIS... VICTOR LECOFFRE... 1889.

***

Remontant, dit saint Bonaventure, jusqu'à la première origine des choses, il considérait les êtres créés comme sortis du sein paternel de Dieu. Cette communauté d'origine suffisait à ses yeux pour qu'il y eût entre eux tous une fraternité véritable. « Ils ont le même principe que nous, disait-il. Comme nous, ils tiennent la vie de la pensée, du choix, de l'amour du Créateur. » Il acceptait à la lettre ce qui lui semblait la conséquence de cette vérité...

Est-il besoin de dire de quel œil une telle conviction lui faisait regarder les créatures? Il n'eût pas fait de mal à la plus petite d'entre elles; il ne souffrait pas qu'on lui en fît. « O piété simple, s'écrie Celano, ô pieuse simplicité! Il n'écrasait point les vers qu'il rencontrait sur son chemin. Il les portait délicatement sur le bord de la route, de peur qu'ils ne fussent écrasés par les pas d'un voyageur moins attentif... »

Ne pas nuire à nos humbles frères, tel était donc, croyait-il, notre premier devoir envers eux, mais en demeurer là serait bien mal entrer dans les intentions de la Providence. Nous avons une mission plus haute. Dieu veut que nous nous portions à leur aide, toutes les fois qu'ils ont besoin de cette aide. Le serviteur de Jésus-Christ se gardait bien d'aller contre cet ordre providentiel.

***

Toute créature en détresse avait des droits égaux à sa protection. Un jour il rencontra, sur la route de Sienne, un jeune homme portant des tourterelles vivantes qu'il avait prises et qu'il allait vendre. « O bon jeune homme, lui dit-il, voilà d'innocents oiseaux qui sont comparés dans la sainte Écriture aux âmes chastes et fidèles. Je vous prie instamment de ne les point mettre entre les mains de gens qui les tueraient, mais de me les donner. » Elles lui furent données. Le Bienheureux les mit aussitôt dans son sein et il leur disait en les caressant : « O mes tourterelles, simples, innocentes et chastes, pourquoi vous laissez-vous prendre? Maintenant je veux vous sauver de la mort et vous faire des nids, afin que vous fassiez des petits et que vous multipliiez, selon les commandements de notre Créateur. » Saint François s'en fut, leur fit à toutes des nids, et elles, s'apprivoisant, commencèrent à pondre leurs œufs et à les couver devant les Frères, comme auraient fait des poules toujours nourries de leurs mains. Elle ne s'en allèrent point, jusqu'à ce que saint François, avec sa bénédiction, leur donna congé de partir.

Ces interventions secourables étaient nécessairement rares. Ce qui était de tous les jours, c'était l'attention qu'il accordaît aux créatures. Il n'en dédaignait aucune. Il aimait à les voir toutes. Elles lui étaient un spectacle de plaisir. Il était fier de leurs qualités. Il allait chercher ces qualités jusqu'au plus intime de leur être, qu'il pénétrait par des lumières particulières, des lumières de bienheureux, au dire de Celano, et, lorsqu'il les avait découvertes, il les vantait, comme il eût vanté les qualités d'un frère ou d'une sœur. Il ne craignait pas de passer quelquefois un jour entier dans cet éloge...

***

... Nous avons déjà parlé d'un leyraut et d'une tanche qui, offerts au Saint en présent, ne consentirent qu'à grand'peine à le quitter. La même chose arriva pour un lapin de garenne, dans une île du lac de Trasimène. Le lapin s'attachait à ses pas : pour qu'il s'éloignât, le Saint dut lui donner sa bénédiction. Il fallut bien plus de cérémonie pour un faisan qu'un noble du comté de Sienne lui avait envoyé. Le donateur désirait qu'il s'en nourrît pour relever ses forces, qui déclinaient tous les jours, mais s'en nourrir était bien le moindre souci de François. Il accueillit le bel oiseau avec une courtoisie extrême. « Frère faisan, lui dit-il, que notre Créateur soit loué[1]. » Le faisan battit des ailes à cette invitation. Il faut voir, ajouta François, si notre frère veut demeurer avec nous, ou s'il aime mieux retourner dans ses bois. Sur son ordre, on le porta dans une vigne, mais l'oiseau revint à tire-d'aile. On le porta plus loin. Il était de retour avant celui qui l'avait porté. Il entra même dans la cellule de François en se glissant sous la tunique des Frères qui en gardaient l'entrée. Pour le coup François embrassa le fidèle, lui fit un discours caressant et ordonna qu'on lui servît à manger. Son intention n'était pourtant pas de le garder. Il le donna à son médecin qui, instruit de ce qui s'était passé, s'était pris d'admiration et l'avait demandé. Le faisan ne l'entendait pas ainsi. Chez le médecin il refusa toute nourriture. On le rapporta au couvent. Il fixa un long regard sur le Père, donna les

1. V. note 25.

signes de la joie la plus vive et se mit à manger avec appétit. « Il y a dans tous ces traits une tendresse si naïve et si exquise qu'en les lisant on se sent tenté à la fois de sourire et de pleurer. »

LA « VIE DE SAINT FRANÇOIS DE SALES »

DE

M. L'ABBÉ HAMON,

CURÉ DE SAINT-SULPICE,

SUR

la compassion de S. François de Sales pour les animaux souffrants.

VIE DE SAINT FRANÇOIS DE SALES, ÉVÊQUE ET PRINCE DE GENÈVE, D'APRÈS LES MANUSCRITS ET LES AUTEURS CONTEMPORAINS, PAR M. LE CURÉ DE SAINT-SULPICE... DEUXIÈME ÉDITION, REVUE, CORRIGÉE,... TOME SECOND... PARIS... JACQUES LECOFFRE ET CIE,... 1856.

***

SA DOUCEUR.

***

Mais ce n'était pas seulement envers ses semblables que François se montrait si doux et si bon, sa bonté s'étendait même jusqu'aux animaux. Jamais il ne leur faisait aucun mal, et il empêchait, autant qu'il le pouvait, qu'on leur en fît, disant que la pitié pour les animaux fait partie d'un bon naturel, que celui qui est doux envers eux l'est à plus forte raison envers les hommes; qu'au contraire, faire du mal aux bêtes, quelles qu'elles soient, pour son seul plaisir et sans raison suffisante, c'est l'indice d'un mauvais cœur...

LE « THAUMATURGE DU XVIIIE SIÈCLE »
DU
RÉV. P. SAINT-OMER,
RÉDEMPTORISTE,
SUR
la bienveillance du B. Gérard Majella pour les animaux.

LE THAUMATURGE DU XVIIIe SIÈCLE OU LA VIE, LES VERTUS ET LES MIRACLES DU BIENHEUREUX GÉRARD MAJELLA,... **par le Père** SAINT-OMER, **Rédemptoriste à Liège**... TROISIÈME ÉDITION... **Société de Saint=Augustin**,... DESCLÉE, DE BROUWER ET Cie... 1893.

***

Il suffisait à Gérard d'appeler les petits oiseaux, pour qu'ils vinssent se percher sur sa main. Un neveu de l'archiprêtre don Salvadore d'Olivéto tenait un petit oiseau en cage. Gérard, après l'avoir caressé, lui rendit la liberté. A la vue de l'oiseau qui s'envolait, l'enfant se mit à pousser des cris déchirants. Pour l'apaiser, le bon frère se rendit à la fenêtre : « Reviens, dit-il, reviens, petit oiseau, car l'enfant pleure. » Aussitôt l'oiseau vint se poser sur la main du serviteur de Dieu, qui le rendit à l'enfant.

Un jour qu'il était à table, dans notre couvent de Caposèle, il appela, par un signe de la main, les oiseaux qui gazouillaient dans le voisinage.

Ces charmantes petites créatures, dociles aux ordres de celui qui obéissait si fidèlement à son Dieu, vinrent à l'instant même voltiger autour du saint religieux et se placer sur la table en face de lui. Leurs yeux étaient fixés sur les siens, et ils semblaient prêter une oreille attentive aux paroles pleines de douceur et de simplicité qu'il leur adressait, comme s'ils eussent été doués d'intelligence.

S. E. LE CARDINAL VAUGHAN,

ARCHEVÊQUE DE WESTMINSTER,

SUR

un motif de reconnaissance envers Dieu.

THE TABLET... London, June 19, 1897.

***

THE QUEEN'S JUBILEE.
PASTORAL BY CARDINAL VAUGHAN.

***

II. — The Improved Condition of the People.

***

... An esteem for knowledge and instruction, a strong temperance movement against animal excesses, provision for the sick and the helpless, a thoughtful care even for dumb animals, faithful servants of man—all these things have sprung up during this reign, and are clearly matter for gratitude and thanksgiving to Him Who, in a true sense, is the inspirer and the finisher of all good works.

S. G. MGR RYAN,

ARCHEVÊQUE DE PHILADELPHIE,

SUR

le devoir de protéger les animaux.

THE FIFTEENTH ANNUAL REPORT OF THE AMERICAN ANTI-VIVISECTION SOCIETY,... PHILADELPHIA :... 1898.

***

Dear Mrs. White :...

I have always been touched by the beautiful expostulation of God addressed to the Prophet Jonas : " And shall I not spare Nineveh, that great city in which there are more than 120,000 persons that know not how to distinguish between their right hand and their left, and many beasts ? "

The lower animals, so useful and often so affectionate and faithful, are dependent on us, and it is cruel and sinful to wantonly torture them. If God has care for His birds of the air, and hears the voices of the young ravens crying out to Him for food, for they have on Him the claim of their creation, shall we, who are after all the fellow-creatures of these beings, prove their only enemies? If the inspired psalmist of Israel called on them to praise God, and the seraphic St. Francis of Assisi invited " our sisters, the birds, " to chant their vesper and matin hymns to Him who made them and vested them in glorious plumage, shall not we, inspired by similar sentiments, admire, cherish, and defend them? I congratulate you on being at the head of such an army of defense. It is a suitable and honorable post for a Christian woman.

P. J. Ryan.

S. G. MGR EYRE,

ARCHEVÊQUE DE GLASGOW,

SUR

la bienveillance de S. Cuthbert, Évêque de Landisfarne, pour des animaux sauvages.

THE HISTORY OF ST. CUTHBERT :... BY CHARLES, ARCHBISHOP OF GLASGOW,... *THIRD EDITION*... LONDON : BURNS & OATES, LIMITED... 1887.

***

CHAPTER V.

***

The sea-fowl that resorted to and bred on the Farne islands excited the interest and enlisted the sympathies of Cuthbert. The eider ducks were his especial favourites, and even in the days of Reginald were called " St. Cuthbert's ducks. " They came to his island regularly at certain seasons in large flocks to deposit their eggs; and his gentleness taught them, while sitting on their nests, not tho fly away at his approach, or to fear his touch. "Aves illæ Beati Cuthberti specialiter nominantur... Beatus etenim Cuthbertus, adhuc vivens, avibus illis firmam pacem et quietem in patribus suis dederat, et nemini eas contingere, perdere, vel occidere, vel mali instinctu lædere permittebat. Quod enim patribus avium antiquitus dederat, hoc de illarum genere pullis procreandis, et filiis hereditarie in pacis gloria et misericordiæ custodia perpetuis temporibus conservando præstabat[1]... "

1. V. note 26.

LE « CALENDRIER DE SAINTS IRLANDAIS »

DU

RÉV. DR KELLY,

PROFESSEUR AU GRAND SÉMINAIRE DE MAYNOOTH,

SUR

la bienveillance de S. Kévin, Abbé de Glendalough et patron de Dublin, pour les animaux sauvages.

CALENDAR OF IRISH SAINTS,... BY THE REV. MATTHEW KELLY, D. D. PROFESSOR OF ECCLESIASTICAL HISTORY, ST. PATRICK'S COLLEGE, MAYNOOTH... DUBLIN :... J. MULLANY,...

***

PATRON SAINTS OF IRELAND.

***

St. Coemghen, or Kevin, abbot, patron of Dublin[1], was born about the year 500, of a princely family, whose territory lay near the sea-shore in the present county of Wicklow... For him, as for other saints, part of the lost empire of paradise was restored, as the wild beasts of the mountain and the forest became tame in his presence, and drank water out of his hand. Among many other examples, we are told, for instance, that on one occasion, a wild boar, tracked by the hounds of King Brandub's huntsmen, burst into his little oratory : the saint was praying under a tree, with birds of different kinds perched on his hand and

1. V. note 27.

shoulders, or flying around him, singing their gayest notes—for even the boughs and leaves were musical for the saint of God. The hounds crouched before the oratory, but dared not enter, and the huntsman, Enna, the ancestor of the Kinsellas, awed by the miracle, drew them away. For this or a similar reason, St. Kevin was always represented in pictures in the ancient churches with a bird on his hand... In the Leabhar na Geeart, St. Kevin appears entitled to nearly the same honours as St. Brigid from the kings of ancient Leinster, a territory co-extensive with the present ecclesiastical province of Dublin.

LE RÉV. DOM HUNTER-BLAIR,

DE L'ORDRE DE SAINT-BENOÎT, PRINCIPAL DE BLAIR'S HALL À OXFORD,

SUR

la vivisection.

THE ZOOPHILIST AND ANIMALS DEFENDER... LONDON, DECEMBER 1, 1900.

***

ANTI-VIVISECTION MEETING IN OXFORD.

***

The CHAIRMAN said, before saying a few words which, as Chairman, it was his privilege to do, by way of striking the key-note of this meeting, he wished to read to them a letter, because it expressed what they would like to hear, and what he could not tell them himself, about a friend to the cause of Anti-vivisection whom we have lately lost. The other day he had a talk with Sir David Hunter-Blair, who had come to settle amongst them as the Head of Blair's Hall. He was glad to welcome him as a strong and convinced Anti-vivisectionist, and especially because the Roman Church had been maligned owing to some its members having spoken of animals as having no rights. Sir David Hunter-Blair had the courage ot his opinions. They were talking the other day, and he expressed his regret that an engagement of longer standing had prevented his attending this meeting. He wished him, however, to bring before the meeting some reference to Lord Bute, who was not only a convinced Anti-vivisectionist, but one who had done yeoman service to the cause. (Applause.) He ventured to say to him that he knew more about the late Lord Bute than he (the Chairman) did, and suggested that he should write him a letter, which he might read. The letter was as follows:—

My dear Master,—Lord Bute often spoke to me with dislike and even horror of the practice of vivisection, and had a strong opinion as to the anomalousness and inadequacy of the laws by which the practice is supposed to be regulated and restricted in this country. He was Vice-President of the National Anti-vivisection Society for many years, and in the days when his health allowed him often attended the committee meetings. I believe he was present at the very first general meeting of the Society. He gave considerable sums, both directly and indirectly, in furtherance of the aims of the Society, and he subscribed £ 100 to the testimonial to Miss Cobbe when she retired from the hon. secretaryship. When the Cardiff Infirmary was made over to University College, Lord Bute (who was a trustee) refused to sign the deed of transference, except on the condition that the College would undertake that vivisection should never be practised within the walls of the Infirmary.

You will, I am sure, agree with me that these facts might suitably be communicated to the meeting at which you are to preside on the 20th inst. Lord Bute's feelings in this matter were not of recent growth; they dated from his undergraduate days at Christ Church in 1866 and 1867, at which period he often conversed on the subject with his, and our, lamented friend Miss Felicia Skene, and expressed his deep sympathy to the practices which our Society has since been found to oppose.

Pray let me add to this note the expression of my own sincere regret that an engagement of long standing prevents me from having the pleasure of assisting at a meeting with whose objects I am so cordially in sympathy.

Yours very truly,

DAVID HUNTER-BLAIR, O.S.B.

M. L'ABBÉ HENRY,

PROFESSEUR AU GRAND SÉMINAIRE DU DIOCÈSE DE PHILADELPHIE,

SUR

la vivisection.

THE FIFTEENTH ANNUAL REPORT OF THE AMERICAN ANTI-VIVISECTION SOCIETY, FOR THE TOTAL ABOLITION OF ALL VIVISECTIONAL EXPERIMENTS ON ANIMALS AND OTHER EXPERIMENTS OF A PAINFUL CHARACTER[1], FOR THE YEAR 1897... PHILADELPHIA :... 1898.

***

The Fifteenth Annual Meeting of the American Anti-Vivisection Society took place on Friday, January 28, 1898,... the President Dr. Matthew Woods, in the chair.

***

REV. H. T. HENRY:—*Mr. President, Ladies and Gentlemen:* I can hardly claim the dignity of a lecturer on the subject of vivisection, nor can I even claim that I have written an address against vivisection. I really had intended coming to-day merely to express my heartiest sympathy with the movement—I believe I came through the kindness of the Corresponding Secretary—and to bid it God-speed in its splendid work. I feel honored

1. V. note 28.

and highly gratified at the invitation to address you—an invitation on which, however, I do not mean to take advantage of for any extended remarks. Although an enthusiastic supporter of the cause, I am a convert to it of such recent date that it would be scarce within either my ability or my knowledge—as certainly it would hardly be within the limits of a proper modesty—to venture on a formal address before those who are so much better qualified, by superior knowledge and ampler experience, to treat interestingly the many-sided subject of vivisection. I desire, therefore, rather to confine myself to offering the sincerest congratulations to the Society on the high ideal it cherishes and the splendid success it has attained. This success, indeed, falls far short of the ideal sought. And, without any lessening of enthusiasm with respect to that ultimate desideratum, and without any sinking of the heart, our Society is, doubtless, free to confess to a strong doubt whether it may hope to obtain legislative enactment in our own generation, prohibiting entirely the hideous practice against which it is warring. Nevertheless, even should this never be obtained, the Society may justly feel proud of the substantial results already attained, and the promise these hold forth of still greater victories in the future. To my mind the results gained by the activity of such societies as ours have been splendid, and have fully justified their existence and strenuous activity. While the tide of neo-barbarism, a pseudo-science of vivisection, was steadily invading the shores of our refined, present-day civilization, and threatening to engulf it in waves, —not of water but of blood,—we have not watched the tide with the curious interest of King Canute of old, idly bidding the waves go " thus far and no further ; " rather have we imitated the better industry of the men of Holland, and have been building strong dykes to restrain its onward progress. We may not have conquered the sea— but at least we have been busily occupied in saving the land.

That hideous cruelty has not wholly triumphed; that it has assumed the attitude of apology rather than of insolent confidence ; that its deeds of darkness have been displayed to the world in all their deformity, and in the pitiless glare of God's own sunlight; that the public conscience is being stirred at last; that the highest professions have hastened to enrol their greatest names in this movement—names of eminent churchmen, statesmen, physicians, lawyers; that a benign interest in the dumb creatures of our Heavenly Father, taking the form of a generous propagandism of mercy in their behalf, has ceased to be characterized as a " fad, " and has assumed the dignity of a fact; all these great achievements must have remained but the pathetic dream of a few tender-hearted men and women, were it not for the militant organization represented by such societies as ours...

But these excesses, while they have not taken away from the veneration due to science, have taught the world the necessity for a discrimination between it and its professors. Like the man in the Gospel, " Whereas we were blind, we now see!" A person who sits down to reflect would doubtless make such a discrimination *a priori*. The world at large, however, does not take the time to reflect, and is therefore apt to esteem, as an unquestionable fact, the merest surmises of the scientist. When these surmises appear in the guise of a benefit to suffering humanity; when we are assured that a little suffering on the part of a brute animal will lead to an immunity from suffering on the part of the human animal, and that this immunity once obtained at such a small price will be of enduring value,—I say that it is not to be wondered at if the world simply applauds without investigating, and believes without proving. The literature distributed by this Society is calculated thoroughly to remove this delusion from the mind of the public, and to establish a most desirable distinction between scholastic theory and well-ascertained fact; between the merest guess-work and a rational inference; between a wanton infliction of suffering, a blundering theory in blood-letting, and a well-ordered, scientific procedure looking to the amelioration of the lot of humanity. These truths will appeal to many who, perhaps, would remain unaffected by any argument based on the immorality of the practice of vivisection. There are, however, many to whom such a plea will appeal most powerfully, and it is to me personally, as an humble representative of the Church of the Ages, a source of high gratification to find Cardinal Manning basing a splendid reasoning on this ground, appealing not to sentiment but to rigorous logic, and withal testifying, by the impassioned eloquence of his language, to a personal conviction deeply rooted in the finest soil of his heart. I need not rehearse before this Society the long and strenuous labors of this eminent dignitary, nor the trumpet-like utterances of our own American Cardinal on the same subject of vivisection. The point I desire to make is that if the names of such defenders of the cause of truth and mercy, and the names of such lights in medicine as Sir William Ferguson, Sir Charles Bell, and Lawson Tait, and the names of the eminent physicians in our land who have given their suffrages to the cause,—if these names, carrying with them such great weight of authority in ther several spheres, be placed before the people in such a way that even " they who run may read, " then must the great obstacle of ignorance be removed. This work the Society is doing. I had purposed speaking of the other two obstacles encountered by the movement,—namely, sloth and selfishness,—and how well the work of this Society tends to overcome them, but I fear that I am running into a set address, a thing which your courtesy might indeed tolerate, but which my own limitations forbid. But as for the obstacle of indifference that I say the Society is removing constantly, I suppose you must be very patient in that line because deep-seated evils require a long-continued treatment; and, again, when we war against the world-wide wilfulness, selfishness, and ignorance, which are the mainstays of vivisection, we must expect to make slow progress, and in this line I wish again to bid it God-speed.

NOTES

1. — Page 180.

‘ Saint Martin, évêque de Tours... sauva, dit-on, un liè-
‘ vre forcé et déjà saisi par les chiens. Le P. Gazet en a
‘ fait le sujet d'une de ces petites pièces de vers qui sont
‘ souvent si heureuses ; et le biographe du saint le raconte
‘ à peu près comme témoin oculaire. ’ — *Caractéristiques des Saints dans l'Art populaire énumérées et expliquées par le P. Ch. Cahier, de la Compagnie de Jésus.*

La traduction suivante, par Herbert, du passage est tirée de la *Seconde Série de la Bibliothèque latine-française,* publiée par Panckoucke.

‘ Un jour que Martin visitait son diocèse, nous rencon-
‘ trâmes une troupe de chasseurs ; leurs chiens poursui-
‘ vaient un lièvre. Le pauvre animal, au milieu d'une vaste
‘ plaine, épuisé par une longue course, ne pouvait échap-
‘ per ; il allait être pris, et prolongeait, en se jetant tantôt
‘ à droite, tantôt à gauche, les derniers moments de sa
‘ vie. Le bienheureux eut pitié du lièvre en péril, et com-
‘ manda aux chiens de s'arrêter, et de le laisser aller. A sa
‘ voix, ils s'arrêtèrent aussitôt. Vous les eussiez crus liés,
‘ ou plutôt cloués au sol, tant ils étaient immobiles ! Et le
‘ lièvre, sain et sauf, échappa ainsi à ses ennemis. ’

2. — Page 193.

Selon Colganus, c'est un blaireau, le *brocus* qui fut chargé de ramener le renard déserteur et — par gourmandise, paraît-il — voleur des chaussures du saint, mais qui, en se livrant, par excès de zèle, à des voies de fait, aura sans doute outrepassé son mandat.

3. — Page 199.

Un miracle semblable et pour le même motif humain, bien qu'avec moins de détails pittoresques, est raconté de S. Walbert, le troisième et l'un des plus célèbres des abbés de Luxeuil. V. *Acta Sanctorum, — Maii tomus primus, — De S. Walderberto abbate, — Vita auctore Adsone, abbate Dervensi, — Cap. I.*

Du reste, s'il arrive qu'une aventure soit rapportée de personnages différents, quand on pourrait supposer qu'en fait elle ne soit survenue qu'à un seul et même individu, cela témoignerait toujours de la réputation laissée par ces personnages ainsi que des sentiments des narrateurs.

4. — Page 209.

Cette Ste Amalberge, Amelberge ou Amélie, vierge (mais parfois confondue avec Ste Amalberge, Amelberge ou Amélie de Mechtem, la mère de Ste Gudule et de Ste Reinelle), est celle qui, pour garder le célibat, refusa la main de Charles Martel.

5. — Page 213.

Sausa, sans doute une faute d'impression pour *causa*.

6. — Page 214.

Censervavit, sans doute une faute d'impression pour *conservavit*.

7. — Page 216.

Colganus, dans ses *Acta Sanctorum Hiberniæ* (16 janvier), s'exprime comme n'ayant aucun doute de l'identité du S. Béan de Giraldus avec l'évêque de Tamhlacht-Menainn dans l'Ulster, le S. Béan, Béoan ou Bédan (26 octobre) dont S. Fursy, patron de Péronne, apporta des reliques en France.

S. Brendan, Brandan ou Brandaines (16 mai), abbé de Clonfert, où la tradition le fait régir trois mille religieux, et patron des diocèses de Clonfert et Kerry, est connu hors de l'Irlande surtout par la fameuse *Navigatio*, « cette espèce d'Odyssée monacale », comme l'appelle M. Achille Jubinal (*La Légende latine de S. Brandaines*), qui se retrouve dans la plupart des vieux idiomes européens, et donna lieu à des voyages de découverte jusque dans le dix-huitième siècle.

8. — Page 220.

‘ Les oiseaux, qui jouent un beau rôle dans son histoire,
‘ avaient eu avant lui des rapports non moins gracieux

‘ avec d’autres ascètes. On se rappelle le corbeau qui appor-
‘ tait chaque jour un demi-pain à saint Paul l’Ermite, et
‘ qui ne manqua pas de fournir un pain entier lors de la
‘ visite de saint Antoine. Un autre corbeau venait, au con-
‘ traire, à Subiaco, demander à saint Benoît une part dans
‘ chacun de ses repas. A ces faits attestés l’un par saint
‘ Jérôme et l’autre par saint Grégoire le Grand, joignons
‘ ce qui est dit de saint Guthlac, ermite anglais mort au
‘ commencement du huitième siècle. Les hirondelles ve-
‘ naient en gazouillant se poser sur ses épaules ou sur ses
‘ genoux, sur sa tête ou sur sa poitrine ; et lui, de son
‘ côté, leur bâtissait de ses propres mains des nids dans
‘ de petites corbeilles de joncs et de brins de paille, qu’il
‘ posait sous le chaume de sa cellule, où chaque année ses
‘ aimables hôtesses venaient retrouver leur gîte accoutumé.
‘ « O mon père, lui disait un visiteur étonné, comment avez-
‘ vous inspiré tant de confiance à ces filles de la solitude ?
‘ — Ne savez-vous pas, répondit l’ermite, que celui qui
‘ s’unit à Dieu dans la pureté de son cœur voit à son tour
‘ les êtres de la création s’unir à lui ? Les oiseaux du ciel
‘ comme les anges peuvent fréquenter ceux qui ne fré-
‘ quentent pas la société des hommes. »

***

‘ Nous savons déjà qu’à la Grande-Chartreuse, il capti-
‘ vait par sa douceur les oiseaux et les écureuils. A Witham,
‘ il avait conservé le même empire, et l’on avait vu pen-
‘ dant trois ans une *barnache* (*burneta* ou *berneca*), sorte
‘ d’oie sauvage, fréquenter avec confiance la cellule du bon
‘ prieur et manger dans sa main les miettes qu’il lui pré-
‘ sentait. Elle ne quittait l’homme de Dieu qu’au moment
‘ de la couvée, et elle reparaissait ensuite suivie de ses
‘ petits. Son souvenir, toutefois, est resté beaucoup moins
‘ vivant que celui du cygne dont nous avons à retracer les
‘ relations avec notre saint évêque.

***

‘ L’un des écrivains estimés de ce temps, Girald de

‘ Cambrie, qui passa plusieurs années à Lincoln sous ‘ l'épiscopat de saint Hugues, fut témoin oculaire de ces ‘ faits, et les consigna du vivant même de notre saint dans ‘ son ouvrage intitulé : *Vita S. Remigii* (c. XXIX). En obser- ‘ vateur éclairé il examina attentivement le cygne, et la ‘ description qu'il en a laissée répond à peu près à celle ‘ que les naturalistes donnent du cygne sauvage dont le ‘ bec, la tête et le cou sont nuancés de jaune. ’ — *Vie de Saint Hugues, chartreux, évêque de Lincoln* (*1140-1200*), par Un religieux de la Grande-Chartreuse (Montreuil, 1900).

La bienveillance de S. Hugues de Lincoln pour les animaux fut encore célébrée, peu après sa mort, dans la Vie qui nous est parvenue de lui en vers hexamètres.

Ce grand prélat, si doux envers les petits, sut tenir tête, en défendant les opprimés et les droits de l'Église, à des souverains aussi intraitables que les rois d'Angleterre Henri II, Richard Ier et Jean. Il est un des patrons de l'ordre des Chartreux, dont il porte la robe dans un tableau de Ludovic de Parme, aujourd'hui dans la *National Gallery*, à Londres. Le peintre d'une « Apparition de l'Enfant Jésus à S. Hugues » dans la Chartreuse de Pavie n'a pas omis d'y faire assister le fidèle et bien-aimé cygne.

---

9. — PAGE 227.

Cet ouvrage est à consulter pour apprécier Paul II à la fois comme un des plus pieux et des plus vertueux personnages notables de son siècle, et comme le grand pontife qu'il fut. Il est fort à regretter que la mémoire d'une aussi belle âme ait souffert de la malignité de Platina, son historien le plus écouté jusqu'à ces derniers temps, celui-ci ayant voulu tirer vengeance d'une disgrâce assez méritée.

10. — PAGE 229.

Le texte de ce membre de phrase est certainement corrompu? — *Prædicta auriculæ.*

11. — PAGE 230.

Une note des Bollandistes avoue leur incertitude quant à la signification de ce terme.

12. — PAGE 234.

Cette phrase aurait sans doute dû s'imprimer : — *Meis, respondit illis, sociis.*

13. — PAGE 236.

La Vie, en portugais, du Vén. Joseph de Auchieta, par le Père de Vasconcellos, de la Compagnie de Jésus (Lisbonne, 1672), est ornée d'une belle planche de frontispice, qui représente le « thaumaturge du nouveau monde » entouré des animaux de toutes sortes, auxquels il avait, d'une façon ou d'une autre, témoigné de la bienveillance.

Le récit suivant de ses rapports avec les animaux sauvages est de M. Henri Bourgeois dans *Les Saints et les Animaux*, publication de la Société de Saint-Augustin, qui a obtenu une approbation de Mgr l'évêque de Luçon et l'*imprimatur* de l'archevêché de Cambrai, ainsi qu'une médaille de la Société protectrice des animaux de Paris (Desclée, de Brouwer et Cie).

‘ Ce grand serviteur de Dieu était né en 1534, dans l'une ‘ des îles Canaries, et était entré, dès l'âge de dix-sept ‘ ans, dans la Compagnie de Jésus. Envoyé comme mis- ‘ sionnaire au Brésil, il évangélisa pendant quarante-quatre ‘ ans les populations idolâtres du Nouveau-Monde, et l'em- ‘ pire qu'il avait acquis sur les animaux sauvages au cours ‘ de ses missions, lui a valu le nom de *nouvel Adam*, qui ‘ lui a été donné par ses biographes.

‘ Les oiseaux surtout étaient ses amis. Il en avait con- ‘ stamment autour de lui. Dans quelque maison qu'il reçût ‘ l'hospitalité, ils accouraient le saluer à sa fenêtre, se ‘ laissaient prendre et caresser par lui, et ne consentaient ‘ jamais à s'en aller avant d'avoir reçu sa bénédiction. ‘ Lorsqu'il voyageait, soit à travers les forêts, soit sur les ‘ fleuves, soit même sur la mer, les chères petites bêtes ‘ venaient lui tenir compagnie, se perchaient sur ses ‘ épaules, jusque sur son bréviaire, et plus d'une fois cette ‘ touchante familiarité amena la conversion d'une foule de ‘ sauvages, qui voyaient l'œuvre de la divinité dans cette ‘ puissance merveilleuse sur les créatures. — Tant il est ‘ vrai que Dieu sait faire servir à ses fins les plus petites ‘ causes, même la bonté des Saints envers les bêtes !

‘ Un jour que le saint missionnaire s'était embarqué sur ‘ la mer pour une mission lointaine, une troupe de perro- ‘ quets, égarés et fatigués, viennent s'abattre sur le vais-

‘ seau. Matelots et passagers se précipitèrent sur les pau-
‘ vres bêtes, qui allaient passer un mauvais quart d'heure;
‘ mais le P. Anchieta les prit sous sa protection et empêcha
‘ qu'on leur fit aucun mal. Les perroquets reconnaissants
‘ accoururent aussitôt se percher sur ses épaules, et il ne
‘ cessa de les combler de caresses durant toute la traversée.
‘ Lorsque le vaisseau aborda au rivage, le bon Père caressa
‘ une dernière fois les pauvres oiseaux, qui semblaient ne
‘ point vouloir l'abandonner, puis il les congédia après leur
‘ avoir donné sa bénédiction.

‘ Le P. Anchieta n'était pas seulement le protecteur et l'ami
‘ des bêtes. Il usait aussi de la merveilleuse puissance que
‘ Dieu lui avait donnée sur elles pour les empêcher de com-
‘ mettre aucun dommage, et, plus d'une fois, les habitants
‘ des contrées que le saint religieux évangélisait eurent
‘ recours à lui en pareille circonstance. Il se faisait obéir
‘ des animaux au premier signe, mais se gardait bien
‘ d'employer à leur égard d'autre moyen que la douceur.
‘ C'est ainsi qu'un jour, pendant qu'il habitait le district
‘ du Saint-Esprit, il fit miraculeusement obéir un singe.

‘ Ce singe dévastait depuis longtemps une plantation de
‘ cannes à sucre des environs. C'était en vain qu'on le sur-
‘ veillait et qu'on lui tendait des pièges : l'animal déjouait
‘ toute surveillance. A chaque instant, même en plein jour,
‘ c'était un nouveau méfait, et les gardes de la plantation
‘ n'arrivaient jamais que pour recevoir tout juste une su-
‘ perbe grimace !

‘ De guerre lasse, le planteur eut recours au P. Anchieta.
‘ Celui-ci se rendit à la plantation, et le singe, comme s'il
‘ l'eût attendu, se présenta aussitôt. Mais, au lieu de se fau-
‘ filer comme d'habitude à travers les cannes à sucre, il
‘ vint humblement droit au Père, qui lui adressa cette
‘ douce remontrance : « Ce que tu fais là n'est pas bien,
‘ car c'est un vol, et il n'est permis à personne de voler.
‘ Aussi je te défends à l'avenir de toucher à cette planta-
‘ tion. Quand tu auras besoin de nourriture, reviens si tu

‘ veux, mais garde-toi de rien prendre, et attends qu'on te ‘ donne quelque chose. »

‘ Le singe se retira docilement, à la stupéfaction des ‘ assistants. Il revint par la suite à la plantation, mais ne ‘ commit plus aucun dommage. Il ne fit que gagner à cette ‘ nouvelle manière de faire, car il devint bientôt le favori ‘ du planteur, qui ne le laissa jamais manquer de rien et ‘ le combla de douceurs.

‘ On lit encore, dans la Vie du P. Anchieta, qu'une autre ‘ fois, comme il descendait un fleuve en compagnie de plu- ‘ sieurs pêcheurs, un grand singe, qui se tenait sur le bord ‘ de l'eau, s'approcha tout près de la barque et se mit à ‘ faire force grimaces. Mal en prit au pauvre animal, car ‘ un des pêcheurs le perça d'une flèche avant que le mis- ‘ sionnaire pût intervenir.

‘ Aux cris de la victime, d'autres singes accoururent et ‘ vinrent se lamenter auprès d'elle. Les pêcheurs voulurent ‘ imiter leur compagnon, et déjà les flèches avaient blessé ‘ deux ou trois des nouveaux venus, mais le Père s'opposa ‘ à ce massacre inutile. « Approchez-vous sans crainte, ‘ dit-il ensuite aux singes qui avaient fui, et venez pleurer ‘ en paix celui d'entre vous qui n'est plus ! Je vous promets ‘ qu'il ne vous sera fait aucun mal. »

‘ Les singes revinrent alors avec confiance et recommen- ‘ cèrent à gémir autour du cadavre, mais bientôt, comme ‘ les pêcheurs semblaient vouloir reprendre leur jeu cruel, ‘ le saint missionnaire, s'adressant de nouveau aux singes : ‘ « Assez maintenant, leur dit-il, et allez-vous-en avec la ‘ bénédiction du bon Dieu ; autrement il vous arriverait ‘ peut-être malheur à votre tour ! » Et les singes disparu- ‘ rent dans la forêt.

‘ N'est-elle pas touchante, je le demande, cette compas- ‘ sion d'un saint ému devant la douleur de pauvres ani- ‘ maux, et prenant leur défense contre la cruauté de ses ‘ semblables ?

‘ Un dernier trait pour finir, entre tous ceux que nous ‘ racontent les pieux biographes du P. Anchieta.

‘ C'était au cours d'un voyage que le saint missionnaire ‘ avait entrepris dans les montagnes de la province de Rio-‘ de-Janeiro en compagnie d'un Frère de son Ordre et de ‘ quelques autres voyageurs. — Une nuit qu'il était sorti ‘ de la tente, suivant sa coutume, pour aller prier à l'écart, ‘ ses compagnons l'entendirent converser au dehors, puis, ‘ comme il rentrait, ils le virent prendre une grappe de ‘ bananes et la jeter en disant : « Tenez, mes petits, prenez, ‘ mangez et allez-vous-en ! »

‘ Étonnés, les voyageurs demandèrent au Père à qui il ‘ parlait ainsi : « Mais à mes chères compagnes ! » se con-‘ tenta-t-il de répondre. Or, le lendemain matin, on re-‘ connut sur la terre, auprès de la tente, les traces de ‘ deux panthères.— C'était à ces deux bêtes que le bon Père ‘ Anchieta avait donné la grappe de bananes pour les re-‘ mercier de ce qu'elles l'avaient reconduit jusqu'à la tente ‘ après lui avoir tenu compagnie pendant qu'il faisait sa ‘ prière ! ’

---

14. — Page 251.

Une traduction latine est publiée par les Bollandistes de cet « Abrégé » du Père Pastrovicchi, écrit par ordre de Benoît XIV. C'est par ce pontife que le fameux thaumaturge franciscain du dix-septième siècle fut béatifié en 1753, avant d'être canonisé par Clément XIII en 1767.

---

15. — Page 254.

C'est d'après une biographie antérieure de Joseph de Copertino par Bernini, chanoine de Sta Maria Maggiore, que le comte Grimouard de Saint-Laurent, connu pour ses travaux sur l'art chrétien, raconte cette épisode dans *Les Animaux modèles à l'école des Saints*, « ouvrage approuvé par Mgr l'évèque de Poitiers ».

‘ Passant près d'une plantation d'oliviers dépendant de ‘ son couvent de Notre-Dame de la Grotella, frère Joseph ‘ y rencontra une fois deux lièvres. « Ne vous éloignez pas ‘ de l'Église de la bonne Vierge, leur dit-il, car il y a ‘ ici beaucoup de chasseurs qui courent après vous. »

***

‘ Comme un des hôtes fortunés de ce pieux asile savou- ‘ rait tranquillement l'herbe tendre, une troupe de chas- ‘ seurs arrive ; une meute terrible les précède ; la pauvre ‘ bête s'est élancée de sa course la plus agile, elle a fait ‘ bien des tours et des détours, elle a épuisé toutes ses ‘ ruses ; essoufflée, à bout de ses forces, elle va devenir la ‘ proie de ces horribles gueules béantes qui n'aspirent qu'à ‘ la dévorer.

‘ Dans ce moment critique, elle a retrouvé une voie de ‘ salut plus sûre ; elle a retrouvé le chemin de l'église, la ‘ porte en est ouverte, elle s'y est jetée, elle l'a traversée, ‘ elle est entrée dans le couvent : elle rencontre son saint ‘ protecteur, et d'un bond elle saute dans ses bras.

‘ « Ne t'en avais-je pas averti, dit alors frère Joseph ‘ au pauvre petit lièvre, que si tu t'éloignais de cette ‘ église, les chiens t'arracheraient la vie ? » Puis il ajouta ‘ en lui faisant une douce caresse qu'il lui promettait sa ‘ protection et ne lui laisserait faire aucun mal.

‘ Voilà cependant les chasseurs : dans tout le feu de leur ‘ action, d'une voix hautaine, ils réclament du ser- ‘ viteur de Dieu le malheureux lièvre. « Il est à eux, ‘ s'écrient-ils, ils l'ont acquis au prix de leurs fatigues, à ‘ la sueur de leur front ; voyez comme leurs chiens sont ‘ hors d'haleine.

‘ Sans rien perdre de sa sérénité, le bon religieux leur

‘ répondit avec un doux sourire : « Ce lièvre est sous la ‘ protection de la bonne Vierge ; restez tranquilles, mes- ‘ sieurs, il ne vous appartient pas, respectez-le. »

‘ Les chasseurs à ces mots avaient perdu toute leur ar- ‘ rogance. En silence et un peu confus, ils s'en allèrent. ‘ Frère Joseph bénit le lièvre et lui dit d'aller sans crainte ‘ reprendre sa douce pâture.

‘ Son compagnon ne fut pas moins heureux. Les chiens ‘ aussi, un jour, s'étaient mis à sa poursuite. Frère Joseph, ‘ dans ce moment, passait : le lièvre vint se réfugier sous ‘ sa robe.

‘ Le chasseur était le marquis Côme Pinelli, seigneur de ‘ Copertino. « Mon père, voudriez-vous me dire si vous ‘ avez vu mon lièvre », demanda-t-il à frère Joseph.

‘ « Vous le cherchez, reprit celui-ci ; tenez, le voilà, ‘ il est sous ma robe. » Puis il le prit dans ses mains, le ‘ caressa, et ajouta : « Monsieur le marquis, ce lièvre est à ‘ moi, ne lui faites pas de mal, ne venez même plus, je ‘ vous en prie, chasser près d'ici, afin de ne pas l'épou- ‘ vanter. »

‘ Il remit alors doucement le lièvre à terre et lui dit :

‘ « Va mon petit, sauve-toi dans ce buisson et n'en ‘ bouge pas. » L'animal obéit.

‘ Le marquis Pinelli et les autres chasseurs étaient stu- ‘ péfaits ; ils le furent bien davantage lorsqu'ils virent les ‘ chiens fixer les yeux sur le lièvre, tremblants, haletants, ‘ les narines tendues, rester immobiles, sans pouvoir faire ‘ un pas.’

16.— Page 267.

S. Bassien est patron de Lodi et de Bassano.

17.— Page 267.

‘ Qui cum urbe, ad quam intenderat, trium dierum pro- ‘ cul haberetur, intuitus cervam cum duobus hinnulis, quam

‘ venantium insidiæ adeo afflixerant, ut omnem liberatio-
‘ nis respectum prorsus eriperent, movit pietatis affectum
‘ in eam, ejusque ac filiorum periculo condescendere beni-
‘ gne deliberans, præcepit ei in nomine Domini, ut ad
‘ se intrepida accideret : quæ mox omni exuta ferocitate
‘ virum sanctum adiit : quam dum manu propria velut
‘ multo ante suetam leniret, ipsa illius pedes congratu-
‘ lant avide lingere cœpit, tamquam salutis suæ viam per
‘ eum se habituram nosset. Hanc interim venatores, labo-
‘ ris sui pretium sperantes, prope circumstant, paullisper
‘ hæsitantes quid significaret, cervam modo sibi immitem,
‘ uni viatori repente mitissimam extitisse. Tunc vero unus,
‘ ceteris impudentior ait : O stolidissimi, quæ mentis ves-
‘ træ statum vesania pervertit, ut prædam vobis oblatam
‘ suscipere moremini ? Et hæc dicens de manibus hominis
‘ Dei conatur eamdem violenter auferre ; ad quem Pater
‘ venerabilis : Non ego, inquit, sed numen cœleste tibi im-
‘ perat, ne hanc pecudem aut aliusmodi fœtus lædere aut
‘ fatigare audeas. At ille, furore insano arreptus, hominem
‘ pium et misericordem arroganter impulit. Sed punire
‘ ultio superna ejusdem arrogantiam continuo censuit :
‘ pervasus namque a dæmonio, diuque vexatus, utroque
‘ lumine adempto, vitalem suis adstantibus, spiritum pene
‘ reddidit.’—*Acta Sanctorum,—Januarii tomus secundus,— De S. Bassiano Ep. Laudensi in Italia,— Vita auctore anonymo.*

18.— PAGE 270.

S. Fraimbaud est aussi patron de Senlis.

19.— PAGE 274.

Aussi, selon *Les Caractéristiques des Saints dans l'Art populaire* du Père Cahier, S. J., Ste Colette a été représentée « accueillant avec toutes sortes d'amitiés des tourterelles, et surtout une alouette, qui lui faisaient fête ».

Sainte Colette, de feu l'abbé Douillet, curé-doyen de Corbie (Paris, 1869), est un des meilleurs ouvrages à consulter pour apprécier l'importance de l'œuvre accomplie, au quinzième siècle, par cette illustre réformatrice de l'ordre de Saint-François. Ses rapports affectueux avec les animaux y sont relatés au chapitre XXVII.

---

20. — PAGE 274.

S. Josse, dont le culte était jadis si répandu en France et même en Allemagne, renonça, comme son frère, S. Judicaël, à régner sur une grande partie de la Bretagne, pour embrasser la vie religieuse. Il est patron du Ponthieu.

---

21. — PAGE 277.

' Cum in agro die quodam operaretur, in leporem incidit, qui non modo non profugit, sed capi se familiariter sivit. Cumque eum socii occidere vellent, Fratres, inquit si nobis hic nihil nocuit, imo ultro se credidit nobis, cur ei nos noceamus? sicque eum liberum dimisit. Post paullo insectantes fugiens venatores, ad virum Dei denuo accurrit, qui mox eum intra tunicæ suæ manicam abscondit, dum abiissent venatores, ac deinde dimisit. Hinc nempe depingi vulgo Beatus hic solet cum lepore manicæ inserto. Nonnumquam illapsa per fenestram avicula ultro ad manus ejus advolabat, iisque insidebat. ' — *Acta Sanctorum, — Januarii tomus primus, — De B. Alberto eremita in Territorio senensi, — Vita ex italica Silvani Razzi.*

22. — Page 277.

Cette Ste Catherine était fille de Ste Brigitte, princesse et patronne de la Suède, la fondatrice de l'ordre du Sauveur.

23. — Page 278.

'Tandem convictus convictor fit Philochristus. Pullis ' tamen asperelli de reliquiis mandans superferri ; Non ' patiamur, eos fame cruciari, ne forte piscis iste decide- ' rit patri gnatis perferre volenti. Tanto fuit talisque Viri ' compassio justi.' — *Acta Sanctorum, — Octobris tomus secundus, — De S. Gerardo abbate Broniensi, — Vita auctore anonymo.*

24. — Page 282.

N'oublions pas que S. Bernard est généralement regardé comme le plus grand homme de son beau siècle.

25. — Page 286.

L'insistance que mettait S. François à ce que ses protégés louassent leur Créateur est commémorée par la cinquième antienne des laudes de son ordre pour le jour de sa fête :—

Laudans laudare monuit, laus illi semper adfuit, laus, inquam, Salvatoris : invitat aves, bestias, et creaturas alias ad laudem Conditoris.

Et ses rapports avec les oiseaux sont encore rappelés dans l'antienne du *Magnificat* des secondes vêpres :—

Dat aurem suis avium prædicans silvestrium verbis intendentem.

26. — PAGE 295.

Dans l'ouvrage de Réginald, bénédictin de Durham, que cite Mgr Eyre, *Reginaldi monachi Dunelmensis libellus de admirandis beati Cuthberti virtutibus quæ novellis patratæ sunt temporibus* (publié, en 1883, par la *Surtees Society*), on verra, au même chapitre XXVII, un miracle posthume de S. Cuthbert en faveur de ses protégés de l'île de Farne; aux chapitres LXVIII et LXXII, des traits de sa sollicitude posthume pour les oiseaux qui bâtissaient leurs nids sur les églises dédiées en son honneur; aux chapitres XXVI et LXXVI, sa protection posthume d'une belette, qui s'était introduite dans son sépulcre pour mettre bas, et d'un cerf, poursuivi par des chasseurs, qui s'était réfugié dans un enclos jouissant de sa « paix »; et, au chapitre LXXV, la peine de mort qu'il infligea au promoteur d'un jeu barbare, infraction à cette même « paix ».

Selon cet auteur, qui écrivait au douzième siècle, à la requête de S. Ælred, abbé cistercien de Rievaux, l'Angleterre n'aurait pas eu de saint *excellentior apud Deum* que ce grand prélat, patron de l'ancien royaume de Northumbrie, qui conquit, dit Montalembert (*Les Moines d'Occident*, tome IV), « une popularité immense, infiniment plus générale et plus durable que celle de Wilfrid ou de n'importe quel autre saint de son siècle et de son pays ».

Les habitués du musée du Luxembourg connaissent bien le grand triptyque de Duez. À propos de son sujet central, l'approvisionnement par un aigle de S. Cuthbert voyageant en pays désert, son plus ancien biographe, un moine anonyme de ses contemporains, ainsi que son illustre biographe, S. Bède « le Vénérable », relate qu'il ne manqua pas de dépêcher l'enfant qui l'accompagnait, pour rendre à l'oiseau pourvoyeur une bonne part de sa largesse (*Acta Sanctorum,— Martii tomus tertius, — De sancto Cuthberto Episcopo Lindisfarnensi in Anglia*). On verra également dans toutes ces anciennes biographies de S. Cuthbert sa douceur avec les oiseaux dont il était obligé d'arrêter le pillage, « *dulci pacis quasi fœdere nexu* » (S. Bède, *Vita metrica*), et la bénédiction « *verbo dextraque* » (*ibid*) accordée par lui aux deux loutres de mer compatissantes.

---

27. — Page 296.

« Kévin, dit Montalembert, l'un des premiers successeurs de Patrice, et l'un de ceux qui, au dire des hagiographes irlandais, comptaient par milliers les âmes qu'ils menaient au ciel. » (*Les Moines d'Occident*, tome III.)

---

28. — Page 301.

Dans le même rapport annuel de cette société, on trouve sur la liste de ses membres d'honneur les noms vénérés du cardinal Gibbons et de Mgr Ryan, archevêque de Philadelphie.

INDEX

FIN

Imprimerie J. Dumoulin, à Paris.

www.ingramcontent.com/pod-product-compliance
Lightning Source LLC
LaVergne TN
LVHW021224170726
843501LV00003B/658

* 9 7 8 2 3 2 9 3 3 5 8 5 8 *